U0158424

白永生 著

消失的民居记忆 II

尘世里的旧村庄，屋檐下的旧时光

机械工业出版社
CHINA MACHINE PRESS

本书是继《消失的民居记忆》之后的又一本民居类建筑回忆录。这不仅是第一部的延续，更是对其的注释及扩展。这是一部作者考察中国将要、正在或已经消失的八个地区民居之走访回忆录，堪称更为完善的民居建筑存在与消亡史。相较第一部，本书文字、图片更多，只为建筑技法叙述更加准确，如把抬梁式和穿斗式建筑打乱、合上、再打乱，反复拆解。

建筑的形式有了拓展，不再局限于村镇，从西式到中式，从村镇到城市，从最简陋的土坯房到高大上的垂花楼，因皆为民居；建筑形式却由分散向典型转移，对石砌、海草、砖砌、土坯加以描述，中国人古老匠心的秘密也一一解开；相关的文化，如楹联、瓦草、色彩、文字等亦做以介绍，它们是重要建筑载体，也是文化根植于建筑的体现。

作者回望民居，重视残缺部分的理性分析，将破败顺势解剖，对常见的民居建筑均做深入介绍，以技术与艺术两条主线诠释乡愁，明暗交叉，以建筑触发读者思绪，追忆往昔亦是珍贵宝藏。

平凡作者亦有梁思成先生的使命感，这两本书的合璧不仅是草根的执着，也是一段对行将消失民居的认真对待与反省。作者用了全部的身心和力气完成使命，其内在的力量来源于留存和记录传统文化的夙愿，此为国家与民族之根系，唯这些记忆可唤醒读者的坚守与良知。

图书在版编目（CIP）数据

消失的民居记忆. II，尘世里的旧村庄　屋檐下的旧时光/白永生著. —北京：机械工业出版社，2021.9（2024.7重印）

ISBN 978-7-111-68969-0

Ⅰ.①消…　Ⅱ.①白…　Ⅲ.①民居－古建筑－建筑艺术－中国　Ⅳ.①TU241.5

中国版本图书馆CIP数据核字（2021）第168823号

机械工业出版社（北京市百万庄大街22号　邮政编码100037）

策划编辑：张维欣　　　　责任编辑：张维欣
责任校对：闫　华　王明欣　封面设计：鞠　杨
责任印制：张　博

北京利丰雅高长城印刷有限公司印刷

2024年7月第1版第2次印刷

148mm×210mm·10.875印张·1插页·285千字

标准书号：ISBN 978-7-111-68969-0

定价：69.00元

电话服务　　　　　　　　　　网络服务

客服电话：010-88361066　　机 工 官 网：www.cmpbook.com
　　　　　010-88379833　　机 工 官 博：weibo.com/cmp1952
　　　　　010-68326294　　金 书 网：www.golden-book.com

封底无防伪标均为盗版　机工教育服务网：www.cmpedu.com

对于建筑，
我心里仍然会有痛，
对于生活、对于爱，
我也仍然会有痛。

自序

完成这本书时，已然是胸口闷疼很久，不停清痰，气管炎严重，很担心能不能看到它的出版，但完成初稿对我来说已经几乎完成了所有的使命。

本来不想提笔再著此书，因《消失的民居记忆》让我焦虑，让我痴迷，让我发现自我，也让我神伤。抚摸即是痛楚，所以忌讳再次去说，也不愿触碰民居老宅。这重新的审视源自编辑张老师的约稿，无意中的再次触及，仍然灼热，即便只是个老朋友吧，还是心存感激，也还留有挂念，或仍有感情。

所以在撰写本书之前，一直告诫自己不要自我折磨，生命仅此一次。约稿的合同压在抽屉底部，既是一种沉重，也是一种躲避，犹豫中不敢再接纳这份诱惑，深知这工作的严酷和考验是一把双刃剑。直至一个月后，一位山东朋友的鼓励，居然让我迈开了行走的第一步。虽仍举步维艰，但拿起笔，迈开脚步就不会停下，与自己的焦虑做着斗争，扛着半残的身体，直至完成。

每一个人的出现，每一个场景的出现，都让我深深觉出，这些都是这本书的必然。例如鼓励我迈出第一步的山东朋友；又如偶然看到的海草房照片，当海草房的一个节点令我百思不得其解时，居然在电视节目中看到了介绍；内蒙古达拉特旗轰鸣的拆迁声中，我看到了小白房子村，却如同隔世，然后消失，见了最后一面；在黄浦江边无意遇到即将拆除的里弄，围挡留洞给我，难道故意；仍理不清思路时，老天怜悯，因公、因私两周内去了两次上海，该章得以完善构造；北京十几年前踏出的胡同线路，本以为没有用了，居然十多年后，一点不落，全部还在，时光有时竟然如此仁慈。

所有的经历总会显露出它的必然性，这些老房子如有灵魂般指引我逐步展开行程，给我制造迷惑，直至最后豁然开朗，循循善诱，如同一位智者。没有时间，工作繁忙，完稿本来该是遥遥无期，却因为意外出现的疫情，让我居家四个月，完成了最后两章。在交稿一刻，被通知去上班，一切恰到好处，也印证了另外一句话：天道酬勤。人活着确实需要热爱，那样命运才会怜悯你。几个月中，安静中看喧嚣，不只是自己的历练，也重新审视、思考了建筑与人生的关系。

更加明白这是写给外行的书，我的视角，就是读者的视角，只有作为外行的我能够理解，旁人才能懂，这本书才会值得。世间职业繁多，更多的人是业外人，并非从业者。但世间人人都有过去，人人都有老房，相通的书却是寥寥，即便无心研究建筑技艺，也愿意怀念过去，他们才是本书的读者。所以我只能简单再简单，明了再明了，展示建筑最基本的原理，哪怕无心，哪怕被动，也有收获。这是原则，我谨记于心，执于笔端。

对"消失的民居记忆"系列我有自己的理解：她该是梁思成先生未尽的建筑技术，徐志摩先生未述的建筑散文，余光中先生难解的乡愁，也是我自己十几年磨砺的心血，其内有建筑使命、为人示友、匹夫之责，表达的内容坚定而执着。这该是我的使命，每天看着形形色色的人流，普通渺小，茫无目的，对比起这种建筑的托付，生命似乎变得不那么重要，责任使然，让我勇往直前，义无反顾。期间我被病痛深深折磨，但却没有去医院，我很恐惧，因为任何一种不好的检查结果，都可能会让这本书流产。对于这份肩负的责任，我不敢放下，因为停止与不开始又有什么不同？我的衰弱来自于建筑，但力量同样来自于建筑，一个人能够为国家做一点贡献，哪怕微小，都让生命存在的意义变得不同，光之微弱，何惧前方。

距离《消失的民居记忆》出版已经接近两年，如果说生命有长有短，意义有大有小，那么对于不同的人而言，或是一条自己热爱的道路，或是一条无奈的道路。后者普通，但并非危险，而前者义无反顾，飞蛾扑火。我深感其痛，但都是自己的选择，行走下去，有了开始，也会终了。但书中的内容绵延不断，会激发出每个读者的共鸣，变成一种凝固的痕迹，定格每个人的童年记忆，这是文字的作用，其实也是拒绝浮躁的良药，希望更多人认可。我生命中的那些精神，全部付出于里，并非是让别人理解我，而是通过那些建筑去理解自己的生活，觉悟自己的人生，当然这需要时间。

我的作品并不十分畅销，最好的也就是专业类书籍及《消失的民居记忆》，但即便如此，我已经十分满意。草根的挣扎，更需要勇气和释然，而耐心来源于真正的信心。期间《消失的民居记忆》入列2018北京国际书展，也在2019图书订货会被重点推荐，同年北京阅读季评选在榜，2020年新华网予以专门介绍……于我而言，都是荣誉，与这本书一起成长。七次重印，则是对书籍及工作的一种肯定，但与我的预期仍相差很多。我认为本书的前一万名读者看重的或许是建筑技艺，第一万到第十万位读者看重的会是建筑散文，而我执念地认为它会有百万读者，他们看重的将是书中的灵魂。就当我是胡言乱语吧，但这是一个作者的基本信念。

我坚定地认为这是一本有用的书，这两本书合起来如双剑合璧。其存在的意义，面向未来，或是一部近代建筑编年史，记录正在或已经消逝民居的点点滴滴，凌乱的"器官"仍可拼凑出一副完整建筑架构。

这本书的文字、图片更多，只为把建筑技法叙述得更加准确，如把抬梁式和穿斗式建筑打乱、合上、再打乱，反复拆解。建筑的形式有了拓展，不再固定于村镇，从西方建筑到传统民居，从农村到城市的民居，从最简陋的土坯房到高大上的垂花楼，因皆为民居。建筑形式却由分散向典型转移，对石砌、海草、砖砌、土坯中的重点节点进行描述，展现更多细节。之前的秘密也会一一解开，那是我的遗漏，也是注定的安排，被忽视的节点，会有答案，不留死角。相关的建筑文化，如楹联、瓦草、建筑色彩、建筑文字等做了介绍，它们是重要建筑载体，也是文化根植于建筑中的体现。

故本书并非仅针对现在的人群，因自知当下有些难，面对沉迷于手机与网络中的人，似不可拔出深陷泥足。读书者甚少，觉悟和接纳终都需要时间，却是一种必然。未来很长，百年后的读者如果可见这沉黄，或可穿过这历史的纱，透过技艺看清楚曾经，透过散文体验朦胧美感。只是这些老房子等不起，我自己也未必能够等得起，在一个步履尚可以前进的年纪，在一个思维还算清醒的年纪，在一个尚存使命感的年纪，必须要努力完成这整理工作，这也是我作为一个知识分子的基本良知。

而我现在需要的是放下，成败已成过去，销量我也无法主宰，但是做一件合理、正确的事对于每一个人来说，都很重要。能够勇敢地拿起来，再毫无念想地放下，才是我自己的成长和觉悟。路漫漫，每一步都是生活，对比结果，这个过程才是生命的全部。

民居消失前，可以摘录的记忆永不缺乏，内在故事还可露出斑驳。夕阳下，壮观且安静，星光后，则是明天的行走，放下负累，继续前行。

目录

自序

第一章　南京东沟瓜埠：
遗漏中的行走

第二章

东部沿海：
近代西洋的建筑舶来品

海的女儿：
日照海草房

济南大名府：
砖结构的补遗

第五章

达拉特旗、察右中旗：
土坯的最后回眸

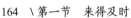

第六章

黄浦江边的里弄：
何尝不震撼

安徽西河古镇：
褪去的商业

建筑碎杂的回忆

第一章　南京东沟瓜埠：
遗漏中的行走

　　距离第一次行走已九年有余。如果说生命有长有短，意义有大有小，那么对于不同的人而言，或是一条自己喜欢的道路，或是一条无奈的道路，但都是自己的选择，行走下去，有了开始，也会终了。过程其实并不难，但是只要开始，就无法停歇。别人亦是如此，改变自己命运的手段有限，生命不止，奋斗不息，但同时也是消耗不息，这是一个针对自己的困扰，或也是每个书者的无奈。写作十分耗费心神，我无法做到像黄永玉先生那样，看淡作品，看淡结果，认为作品本身该具备精神、灵魂、心血，要不然，会以为一部作品是没有灵魂的。或是我自作多情，但确实深感这就是书者的宿命，我执迷不悔，一直如此，不堪文笔拙劣，但求认真实意。

　　随爱人回乡省亲，这是一个二十年间停留过几十次的城市，有工作也有过生活，但之前并无亮点发现。或只是没有遇到偶然，也没有赶好季节，一切的结果总是天意，一切的偶然也都是必然。既然无意中发现了无法割舍的思绪，就只好提笔，因有我未曾见到过的江北民居，也有我不曾了解的苏浙遗存。

第一节　青春不再，老屋尚在

　　"青春"的存在，让我感慨万千，青春已逝，但是痕迹犹存。曾经说过，徽派建筑会有砖立式与平式砌筑交替进行，即横铺扁砌与竖列成排，横竖相间，交替叠砌。砖之较长一边，称为长头，较短一边，称为丁头或丁，而其面积较大的侧面被称为侧。所以组合之后，常见的几种模式有：全顺（正面观看全为长头）；两平一侧（古代常用，一层侧面两层长头，以此类推）；梅花丁（现代常用，长头、丁头本层及层间交错砌筑，远看如花朵状）。图1-1中的模式可称为一侧一丁或一侧二丁，因两者皆有，也称为梅花丁，梅花丁又因有带状的起伏纹样，也有地区称之为玉带砌法。

　　徽派建筑中的砖立式与横式分层摆放，前文认为立式砌筑部分内部

图1-1　苏北民居墙体

注土，因其砖的摆设方式而被称为有虚有实。走过这里才发现，是自己想得太多，或是徽派建筑太过于讲究。更为真实的苏北民居，就是长头与丁头的反复堆叠，并无一定的常规，或真或假，都是在墙内的隐蔽工程，也在主人的个人想法，真实的民居极为随意，并不决然规则考究，完全是随师傅心意而为，结果收住即可，更多时候看到的是随机效果。

后文会有详述，这里只是一个引子，图中的示意虽然简陋，却与徽派建筑的砌法十分相近。两丁一侧也好、一丁一侧也好，流失的砖泥让我觉出其间也不再有空气层，而是实砌。以前觉得空气层的存在，有利于保温，其实这是北方人的思维方式，如今看来也是片面的，或只是偏北的南方才会如此，如徽派建筑。而真正的南方已然不需要御寒，冬天门窗也都是大开，因为室内的阴冷比室外更甚。所以其实乌瓦灰砖或更有意义，深色容易吸收热量，保持室温，也许这才是我之前忽略的浅显道理，并非只是水墨春秋，民间哪里如此文艺，生活经验总是有理，美学与科学的内在联系平缓而默契，却从没有偶然。

图中需要注意一个细节，那就是门侧的砖跺与墙体是存在缝隙的，同样并非偶然，而是一种建筑失误，这里引出一个名词：包心砌法。如其命名，可知为：先四角砌筑角柱，然后内部逐步填充墙体的方式。但在单一砖砌的建筑中，这种单独存在的角柱又多不可取，或如南方的民居进行了加筋处理，或是北方的石头角柱，起到了框架的作用，但都还是沿袭了现代构造柱的设计思路。单独不设角柱的主因则是整体性不好，这门边的缝隙就是最好的例证，不同的沉降，会慢慢产生裂缝。

当青春已逝，世间能够留存的仅剩遗迹，如墨迹、如文字、如淡淡消失的回忆。就如我曾经来过，却不能想起每个细节；如我看到样子，却不能想起过往嬉戏。唯震撼青春，一种力量，虽然已然失去，依稀可见不能泯灭的曾经勇气。如我，如你，如不解的建筑梦想，不解的家国情怀，每个凡人的勇气和力量，都凝聚在"青春"之中，不曾离去，只有开始。

第二节 另类红砖

如果说青砖黑瓦是江南映像，那么红砖则是另类，或是属于北方的炙热民风，或是时代不够久远，但放在这里，却是一种别样的感觉。同样的玉带砌法（图1-2），颜色的差异让白灰勾线变得明显而突出，基础的抹灰勾缝造型，既验证着当下衰败，也证明着曾经有过的辉煌。同样留存了虚假的模仿，为我所不屑，且造型构件已经变为趋势的，也是无法逆转的，不能再次回到细致和厚重。

拿来记述只因这是一种老式砌筑技艺与现代材料的合体。这种形态其实并不多，时间也很短，因为后来很快就被梅花丁式的砌法所取代，红砖也成为一种趋势。也是从这个时期开始，灰砖渐渐淡出了视野。

只是衰败太快，与近几十年的其他建筑一样，质量都不尽如人意，不解其中的真实原因，或与砖材有关。最近十年的住宅也多有三、四十年的寿命，七十年确有些压力，或是成本太多压缩，或是工期太紧，或是人心不古，让美丽总在恍惚间就变为苍老。而时光流水，涓涓长远，

图1-2 红砖的介入

越是沉淀深的老屋印记，越能够历久弥新，如我看过的黑白建筑，能够铭刻时光的影子，都是真正陈年之物。灰白，总归有灰白的理由，那是风霜过后的解释。

第三节　面子中的建筑文化

　　拆除隔壁后的墙体（图1-3），能看出上下截然不同的样子。显然，上面的那一部分是面子，是给外人看的部分，整齐有模数，而下面的部分则被隐藏起来，又被偶然翻开，真实、简陋并不整齐。它们出现在同一面墙上，有些反差大，却容易让人联想，可见证建筑的面子文化。

　　江浙人对于别人眼中的自己尤为看重，也就是面子。面子不光存于

图1-3　面子文化

建筑，也是当地人的性格，我诧异于我曾经认识的那些江南同事，地域的自豪感时常油然而生，即便已经因生计背井离乡，说到之时仍然自豪感极重。最早我觉得奇怪，再好也不能全好，不能只看到优点吧，后来见到了江浙的房子，慢慢懂了。其实房子也如人一样，南方人讲究的是面子，再苦也不能失去体面，其实或是尊严的另一种表达。三层小楼是必需的，哪怕里面只有四面砖墙，家徒四壁，外墙也要刷得雪白。

如这房子，待到墙皮脱落，才见到原来整齐的外表之下是残砖弃石，一点不见表面的规整，却透露着一种性格中的文化。晋商是节俭到了骨髓，徽商则是把荣耀做到了外面，其实都挺难。能够看到荣耀外表的，多有不能言出的痛楚，等到变为一种习惯，人们也就忘记了痛，忘记了背后的真实，成了一种性格，成为一种文化。这种文化在建筑中同样被映射出来。

以前不懂，觉得这些面子情绪都不属于我，伤的自己，痛的自己，何必。等我跨过40才忽得明白，原来人活着很多时候真的不是为了自己，如果只是为了自己，或许早就没有了那份活着的勇气，很多时候面子是为了父母，为了孩子，为了大局，为了未来。一万个人，总有一万个不同的理由，但内在实在都是不忍，如建筑的外皮剥落，如游子归家，才会懂得原来的那些不易，是父母的爱，是建筑的宽容。

第四节　婉约中的门头流水

当地的特色门头（图1-4），苏式砖雕门头，在之后章节的上海建筑石库门中，有类似的形制，但又有不同。在之前《消失的民居记忆》中的徽派建筑上并未见过，或并不普遍，或属于浙南的建筑形态，但在这里则是一种典型，家家如此。

因为行走时间的关系，其实看到的第一眼，我想到的是木建筑中的

图1-4 苏式砖雕门头

飞罩技法。飞罩是中国传统建筑中的构件之一，常用镂空的木格或雕花板做成，采用浮雕、透雕等手法，以表现出古拙、玲珑、清静、雅致的艺术效果，但多用于装饰内饰门窗处，挂落也是类似，后文会有详述，不再赘言。这些都与我看到的门头相似，故我一眼就觉得苏北门头像什么，但又说不清，因为太熟悉为此困扰很久，后来觉出有些相似，做了最初的判断——一种极简单的飞罩形式借用。直到见到再后来的石库门建筑。后来有了些许新的线索，也许这是海派建筑向内地的延伸和流行，即波浪式拱券。

这种形态在装饰处理上吸收了西方古典建筑的手法，充分融合了中西装饰纹样内容。卷纹的砖门头，纹饰处理得更为自由，不同之处是采用了砖砌，而非石头，结合了砖本身的变化，三皮砖逐步退层，顶部一皮砖深出要多些，该是固定式样的造型砖，形成一个缺口，组合起来，成为拱形造型，又似浪花，婉约中透露着秀美，稳重中透露着含蓄。与石库门的形态如出一辙，形成一个类似于梯形的门口顶部造型，门上加设木质过梁，之上或是砖砌门头，或是如图1-3所示的窗户，极具特色，也是此行重点记录的部分。

在中国民居中南北方皆是如此，但又相互变化，说不上谁借鉴了谁。这样的砌法不仅是为了美观，或还有文化的代入。很多砖砌构造与本土不搭，看起来并非典型的江南美，而更像北方某种砖砌建筑的遗存，也许这地方曾有北民迁入，又或是从海外引入。这两百年中的建筑形态，不断打乱又融合，待后人考据的点很多。总是看到了飞罩，就被拉入，而看到了石库门，又觉得这才是真爱，但并不重要，放在这里的，就是单属这里的特色。

第五节 灰到白，白到灰

商铺，南北方的过往接近，都是一种风格，哪怕去了日本也是相同，宽面折板，横插门闩（图1-5）。门板一块块，长条竖成型，高与商铺内净高接近。上方可设迎风板，稀疏字影的横板控制门的变形程度；横向排布内板，按插槽逐一嵌入，每长条宽50厘米左右，厚度多为5厘米左右。因年代久远木料终会变形，如顺序混乱会卡住，进退两难，故不能搞错，因此多需要标注编号。

大开大张，开门迎客；半开人稀，生意冷清；闭门全掩，落日打烊。商业行为总还是可以看到曾经宣传的痕迹，时光流淌，日光摩挲下，标牌遗漏，反倒印记犹存，可以让人们穿越回那个年代，似乎不久，但又觉得好久。

风轻云淡之后看不见世间流转，斑驳中让一切都随风，能够慰藉灵

图1-5 商铺门板

魂的也只有这光线。它的寿命长，看尽世间悲欢离合，也看尽人间繁华落尽，转瞬间又是一秋。过往的不仅是悲哀也是回忆，那些孩子转瞬长大、离家，又转眼变为尘土，飞不回故乡。因为太远，流落间仅存的美感，都变为灰白色的门板。白色的门板经年了，就变为了黑色，黑色再经年，又变得发白，所以才有如此的沧桑感。时光是个好东西，让我们长大，让我们变老，一切轮回后，也雕刻了一切，却也保留了一切。

第六节 诠释檩套

顶梁少见的处理方式，砖木结构大同小异，但是如这样的增加檩套（图1-6），则是第一次见到。一直觉得顶梁圆柱形，支撑点又是两侧墙的尖端，固定必然不便，长期容易发生松动、滑动和移位。对于没有做过民居施工的我可以想到问题，但却想不到办法。这个照片直接给出了答案：增加檩套，解决了摩擦不足的问题，稳定了顶部结构，同时半截圆形垫衬，又可增加受力面积，让檩柱和檩墙间接触面增大，逐层释放压力，更加均匀。其材料并不好确认，如毡如麻。

好在是衰败，见证了这种技巧的真实存在，展示着实际的做法。南以竹为材，可见屋梁下的竹材，猜测应是顶棚龙骨架，木质插件，因可见竹上的榫卯孔洞，只是再细看不到任何顶棚材质，只好待到后来一点点拼凑，总会有答案，只是竹制龙骨架为吊顶前身，这里需要记录。

真相来回躲藏，让你追随它的脚步进一步探寻，把一切秘密留在最后，展示的时候，也就是毁灭一刻。这在我曾经的游历中见过多次，让人惊艳的美，之后却烟消云散，只留下孤单、遗憾的我。

椽檩的布置很是规则，损毁处椽条断裂，仍然留存部分挂瓦条，可见固定应很牢固，应是屋瓦的衬压。损毁是不可逆的，已然也不能再修葺，就留给我拿来分解，总不枉来此世界一遭，留下最后一点火花，然后转瞬即逝。时光之美是有过痛楚，才有了痛楚之美，有了损毁之痛，

图1-6 罕见檩套做法

才有了拆解之憾。

第七节　再述散乱檐板

　　虽不是斗栱结构，但依然可见榫卯，后文会详细介绍砖砌抬梁结构，这里的特色则是木质的抬梁结构，也算是独立一种形式。檐梁下设檐柱（图1-7），纵向梁与穿插枋框架之间采用梁枋拉结，横向檐柱之间使用阑额拉结。阑额即为两柱门上方水平拉梁，但非主梁，故常称阑额或门上枋。柱下用地栿连接，照片中不能见，但不新奇，是与顶部梁檩投影一致的地面基础木构架，一带而过。可以想象，地面一端，组合起来仍然是网状。

　　大截面、大网洞的构造，正好与再往南的吊脚楼的小截面、小网洞

图1-7　散乱檐板费解颇多

相对应，均为木质结构体系，均能较好防御地震时的水平压力和纵波破坏。个人理解吊脚楼的抗震性更好，也因为其墙体为木板，墙板与梁柱为拼插结构。而梁柱结构中墙体多为青砖，图1-7中的木板房需要更大的承载能力，御寒性、防盗性更好，各有优缺点。

已然破坏的檐板散乱危险，玻璃窗积满灰尘，虽是闹市，已然超然脱俗，无人理会。封檐板不存，留下了椽条，没有檐椽，只有飞椽，一览无余。脱落部分赫然看到飞椽下部在封檐板部还钉有一个大木楔子，作用费解，也让我记忆颇深。民间做法无定式故无记录，无记录故随心所欲，随心所欲故能出精品，也能解决问题。

如是后加，或是檐板损坏后为了固定某特定的重物而设定的物件，也不得而知；或是连贯封檐板，也不好说，容我想想。其实并无答案，也不重要，证明一个节点的重要性即可。木楔子，斜面受力，既可剪力，也存切力，为解决斜面受力的重要构件。

每栋建筑都有属于其自己的建筑秘密，只是我们不得而知。直到某一天表皮脱落，生命终结，我们才会知道其曾经的受力、曾经的支撑与曾经的隐忍。

第八节　无法解释的栅板

同一栋建筑的另外一个角度，檐板的散乱一览无余，逐层解剖，分别为檐板、檐梁、椽条及挂瓦条。因为散乱，反倒衬托清晰，南屋北屋都是如此，后面详解。

这里重点来说栅板，容易被人疏忽，但作为高门斗，必须要有门上的栅板。栅板与门之间的横木学名为门楣，只有官家或大户人家的这道门梁才可被称为门楣，与后文四合院中的门簪相互配合。一般平民百姓不准有门楣，所以旅游时能见到的门楣多有雕饰，也多精致，过去达官贵人，如今旅游景点，顺理成章。倒是更多平常人家鲜被人注意，多泯灭烟云，留存下来各具特点，少见相同。

随取一处普通人家的栅板，捻来一看，也足见古人心思缜密，费尽了苦心。北方称之为迎风板，为实木板，多见到的是整板，通顶即可，而不是格栅模样，正好对应于这南方的通透（图1-8），同样至顶，更是简单。因为破损，透露了些许质量问题，檐下口处理方式潦草，做工交接处交代不明了，有些牵强，验证着凡人民居却也尽量模仿美观。

南方格栅板的安装，少见且多怪，这与地理位置及气候是一致的，北方多保温，南方多通风。样式上，方格型格栅板与窗棂一致，最为朴素大方，仍不失活泼地增加矩形孔洞，增加了通风的面积，也透露出其不受力的结构特点。

上方捆绑的电线，可想曾跨越了一个初有电灯灯笼的时期，三处电

图1-8　透气的栅板

线残存，表明是三处设置。这个灯笼模数为民居常用，出自老子名言"道生一，一生二，二生三，三生万物。"民间常见的以三为模数的建筑材料，多出于此典故。而这些孔洞则要更早，数量亦同，是更早没有电灯时候预留的空位，灯笼以吊挂或嵌入安装方式完成，不计较细节，但一定与洞口有关联。

时光改变的总是那些容易被改变的，我们的快速发展也印证了快速的消失，如这电线早就废弃，白炽灯从出现到消失并没有超过两百年。而那些真正刻画到骨髓的东西则不宜被改变，如这窗棂保存完好，遗漏了当年的意义，却留下无尽的猜想。建筑的价值在于初始，后来任何的叠加都会显得难以融入，这是前后建筑师思维观念上无法一致而导致的结果。

又想到了书，顺嘴一句，因为同理。想做一本好书，确实需要沉潜耐心拒绝浮躁，一切流行都看起来如美味，但能够留存下来的味道不外乎咖啡的苦、烈酒的辣。所以尊重这些经时之物，尤以建筑为甚，尊重它，才会懂得欣赏。会欣赏建筑之美方知人性之美，才知生命意义，因为它所历经的沧桑浮沉，远比你生命还长。

第九节　门边剥落的墙垛

每个朝代的灰砖制式均不同，不同地区规格亦是不同，所以并无定论，仅就我自己的整理做介绍。图1-9中砖体厚度多是37毫米，亦有42毫米至52毫米等规格，长宽更是多变，不做探讨。这几种类别在同一图中均可看到，也属难得，一般一堵墙不会采用两种或以上规格砖体，故这门垛也算是少见案例（图1-9）。需要说明，37毫米的墙砖仍最为少见，年代也更为久远。砖体的演绎是越往近代越厚也越小，如53毫米的砖体是近几十年来常用的规格，多为红砖，是砖混结构存有之后的标准厚

图1-9 柱的沉淀

度。因生命太短，几十年足以让我们遗忘了曾经的样子，正好有了这脱落的墙皮，就有了些许遗漏真相，有了颓废的建筑，有了曾经的真实混砌，有了时间断代后的裂痕。

　　薄砖用在门柱一侧，采用全顺及顺丁砌法，由于露出部分不够完全，有些部分需要猜测。因为砖较扁平，老砖要薄，侧式砌筑不再合理，可想整体观感会突兀，实际也容易脱落。到了端口，不容易找到模数收尾，所以37毫米高的灰砖多会以顺丁方式出现，着重点为顺，使用频次越多越是久远。下段可见均为全顺，全顺即全为长头，为最初模式，层层叠叠，实际也为梅花式，只是每一皮砖退得有限，满足了稳定即可，也是古人砌筑细致的表现。之后显然重建过，砖厚和砖长有所变化，模式变为一顺一丁，考虑需要承重，相互梅花重叠，但明显不够细腻，与今天砌筑思路一致，因为门垛较短，收口比较随意，多丁头收口也恰如其分。砌体如考古，每一断层都是不同年代，展示着那个时候的主流工艺，如今可见，就是验证。

第十节　封口的白灰

　　这种檐部白灰收口模式后文会多次介绍，谜底留在最后总结，但每一次我都会拆解一部分内容，这里主要说瓦。

　　南方的乌瓦，已经介绍很多，尤其是瓦当，但这里并没有瓦当，却是很好地展示了筒瓦（图1-10）。瓦当只是筒瓦的一部分，即筒瓦之头，民房之中并不多见，才格外被我注意到。因为普遍，所以这种缺陷似乎不是无意不知，而是有意而不为。随着后来的行走，才发现民居中没有瓦当者其实更多见。瓦当本意是保护檐口和雨水泄流之用，这里的情况定是白灰的作用予以代替，用了反倒累赘重复。没有瓦当，代表了平实和普通，也是整个中国民居中最具代表性的部分。

　　图1-10　初见白灰收口

首先介绍筒瓦的制作方法，先筑成圆筒形的陶坯，与土坯的模子一样，然后剖开陶筒，对剖则为筒瓦两边，之后入窑烧造，古人称为剖瓦，削开后谓之瓦解，变为两半，瓦解的本意也就从此而来。后来则用于一个实体机构、团队等分离，颇为恰当，建筑的意味引用到了生活。

南方的乌瓦薄且弧度很大，应该不只是一次瓦解的结果，该是90°，两次瓦解的效果。原理为节俭，不那么密实对接，效果到了即可，薄且不纠结，用最少的材料完成顶部防水，基本搭接即可，无需那么严密和相互覆盖，但其实作用已然实现。

有趣的封头，没有了瓦当，成就了白灰。白灰的作用除了可做胶粘剂之外，本身也是阻止虫子侵入的良方。另也有白灰为辟邪之物的说法，封住门，相传可阻挡游魂进来。白灰在南方应用极广，至于为什么会有如此传说，应该还是出于白灰杀菌消毒功能的扩散性思维。除此之外，白灰的另外一个作用则是防火，阻隔燃烧物。马头墙中也有白灰，作用亦同，不用多讲，其意识形态的作用明显于瓦当，实用中透露着简约之美。

迷信再无稽，其实也是来源于生活，或是引申，或是联想，但多数来源于对于未知世界的恐惧和自我体验。说起来远，说起来也近，所以很多时候也需要尊重，因为那是尊重自己的不懂和善意。

人们对于科学的理解，在不能拼凑出完整的原理之前，多是用反复的结果来定义正确，中间的原因则是慢慢用时间去逐一破解。一代一代人，或是迷信，或是科学，其实内核完全一样，只是角度不同，一直交互存在，一个问、一个答，一个去看结果，一个去求解过程。

第十一节 光影下的门闩印记

所剩无几的门闩半段，颜色对比明显，花纹却不似今天，如玉带摆尾的那个末梢，即便是插板也要风情万种。抑或是后加，抑或真是坚持本色，都还好。配合阳光，有影子有温度，一切的坚持只是为了我这个过客，人生如此，亦如此不薄情。

不了解的世态变幻，已经逝去的灵魂和已经老去的童年。失去的记忆却总有一个引子，在某一个节点让你想起了什么。如这插板（图1-11），定在那里，倔强地等待少主人归来，两鬓斑白。一世无双一萧然，但存在就是存在，代表着不灭的印记，代表着折断的苦楚，代表一代人的坚持，代表着永不再来的过去。

门的温度，儿时能够让我觉得那是一种毛刺磨掉之后的顺从感，这也是木质结构抗拒与融入的最好例证，只是如今确实已不多见。如这光溜溜的门边，木头经过相互磨合后的一种信任，才是对家人的一种守护。现在房子已不再是一生一世的居住品，常提及改善居住环境，也就不会有磨合，总是在甲醛的味道中忍受十年，然后分道扬镳。而这些房子不到二十年就显得老气横秋，失去了本来该有的壮年样子。之后就是拆迁，推倒了变为建筑垃圾，夜黑风高之时被拉在郊区偷偷掩埋，生命

图1-11　商铺门闩

就此终结。

所以我们没有根。建筑是一种与人交融的产物，我们不能真正接纳它，就难有未来儿时的回忆，不能记住它曾经对你的包容，给你带来的快乐与你偷偷放在其中的快乐。有句广告说好房子是用来住的，有一套就够了，其实挺对，而真实却背道而驰。

第十二节 江山如画，岁月如歌

如我想说的话，它已经说了。对联已然褪色变淡，没有再被覆盖，说明离开很久。中国的对联只能持续一年，来年需要继续祈福，如此轮回中护佑着自己的生活。如果发白，则证明人已离去，但还留存，还要期待，证明离开的年岁不久，仍在坚持。如果已然什么都见不到，那就是灰飞烟灭的开始，从此再也不见。

江山如此多娇，让多少游子流连忘返，不愿回家。江山亦如画，乡村渐消磨。说的是事实，也是现实，乡村文化确实存有内涵，但如何让内涵再次发芽则是个课题。

这个地区的很多文化及建筑特色都有代入感，应该不仅是属于江浙文化，如这对联（图1-12）。对联作为建筑的一种附属特色，仅出现于华人文化中，南方北方皆准，海内外亦同，是中式建筑的必备配套，是建筑点睛之处，用以表达建筑的精神意图，精绝之处可提点出建筑所蕴含的生命力，是真正的民族之魂。

对联是利用汉字特征撰写的一种民族文体，一般无需押韵，对仗工整即可，所以就出现了这样的四字对联。现在更为常见的是五言及七言，未必是律绝，所以一般多押韵，上联末字为仄声，下联末字为平声。故看到如此四字成语，相当惊讶，简约到了极致，其实更是文表人心意。岁月如歌，不能停止的脚步；江山如画，永远难忘的家乡，永远

图1-12 对联文化

不能遗忘的美景。

另外一处建筑文化一同顺表，也是重点，就是瓦上如松的植物，被称为瓦松，为景天科瓦松，属多年生草本植物，并不属于中国的特有植物，却是中国南方建筑特色。因有乌瓦，故是少见的建筑物伴生植物，莲座叶线形，生长期为白色，枯萎之后多见为图中紫色，怯怯然，花茎叶线形直立，如松状，高可达30厘米。苞片着生在花梗中部，花多如照片中的卵状，花瓣白色，披针样式，9月开花，10月结果，正是现在的样子。

我来时，开得正艳，而我感觉却是荒芜，实在不懂情调。能够生于瓦间，是因为其根须较浅，瓦间的浮土就可以满足其生长。种子也是随风飘洒，正好可以停留落入，但有一个前提必须满足，那就是必须是老屋，因为只有足够年久的屋面，才会能够一点一点累积着富有营养的尘土。而我所站的这个区域，房屋年代都在百年左右，所以条件相似。十月初，各样瓦松纷纷迎风，挺拔招摇，也是一种只属于老屋的盛世，只是他们不懂。因为如此，所以证明了即将衰败，也是一种残酷的美。这是中式老宅的包容，也是让人真正动情之处，也是让我不得不把她单独来说的原因。

曾有文记录说瓦松代表位高权重，或是借势而立，其实这些都是一种猜测，唯一不用猜测的就是只有老屋才会有，如同耄耋老人的白发，相似于样子，也相似于内涵。这种美震撼于儿时的不懂，更震撼于今天的才懂。

第十三节　再次总结檐板

虽是门头，檐板的做法此图也只算最普通，可类比于屋檐，连檐是固定檐椽头（下方的椽板，檐梁或是檐枋上方的构件）和飞椽头（上方

图1-13　江浙飞椽

的椽板）的连接横木，一般为扁方形断面，其后就是檐板，也可称为望板，为实际的承受屋瓦的受力件。飞椽头断面多为斜三角形，昂首而立，如要起飞之状，细部可见之上正好托起檐瓦，十分匹配（图1-13）。

　　与后文的北京民居对比，你会发现江浙地区楔形构件很多，这里的飞椽亦同。因与檐瓦相配，很难说它的材质一定是木料，或就是砖形成品。

　　如为屋檐还会有封檐板，后面章节也有介绍。会在檐口或山墙顶部外侧的挑檐处钉住的木板，使檐条端部和望板免受雨水的侵袭，提高完整度，也增加建筑物的美感，在我《凡人的建筑哲学》一书中于俄罗斯木质建筑中尤为精致和清晰。

　　透过光线，我显然只能驻足于此，很多区域我已经进不去，因无人居住。幻听之，儿童渐远的笑声，由近及远，不会再来，关上的大门从此不再打开，我也只是透过门缝，窥视那过去的热闹和当下的冷清。当屋瓦脱落，这些望板也会慢慢凌乱、慢慢憔悴、慢慢破碎，如我的思乡心，如我的故乡情，从此看不到我们的过去，也回不去我的曾经。

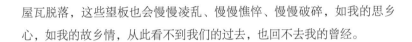

第十四节　逆光

　　完整的梁柱结构详图（图1-14），也正好配以破碎情况，基本可以描述整个屋顶的构成。进深由七檩组成，檩距在1.5米左右，所以房屋进深在9米左右，为南方最常见的主屋结构。三层梁，最上方被称为三架梁，可以理解为上方有三檩条，下方为五架梁，同理为五根檩条，四柱，两侧则檐柱，中间两柱被称为金柱，三架梁与五架梁之间设短瓜柱，为节省空间和材料基本做法。

图1-14　梁柱结构详图

偶数檩条设桁枋于檩条之下，增加着横向受力强度，隔一跨加强一次，同时也是最易分担的受力点，为最合理的设计。而没有设桁枋的奇数檩条下则是有名的"丁华抹颏栱"，是斗栱内最为好听的一个拱名，实际中民居采用极少，颏发音为"科"。脊部叉手上角内，可见横向出耍头的拱，此处耍头如马鞍收腰，用在这里凸显精致，有些另类，入托举状，其水平侧下压为平梁，垂直侧下压为蜀柱，上则横向檩条，既是纽带，也是立体节点。

曝光严重，看什么都变得刺眼，或是我心情的一种表达，时光的雕刻，都是无奈。光是一种成长的力量，也是一种衰老的力量，让我们不得不进行自然的老化，又不能拒绝，从小就可以逆光去看太阳后面的东西，所以眼睛接近瞎，因为有些东西我不能看，永远也看不透。阳光温暖，但是太多则成为一种伤害，如爱太多是伤害，如关心太多则是看轻，世间的平衡是自然平衡，拥有越多越没有价值，拥有越少越知道快乐。穷人渴望金钱，富人则渴望快乐，戏谑中演绎着唯一的真理，就是适可而止即好，所以能够接纳那些温暖的部分即可。

成年人不再好奇为什么，或还是希望更多，因为世界上的为什么太多，历经一生追寻也是徒劳。多珍惜已然拥有的即可，那是上天的赐予，单单为你定制，也是你自己的努力所得。如此即可，生命也就算幸福。

第十五节　深刻且深刻

那些刻画，深刻且深刻：商铺门匾的布局方式为左手侧，后来并不多见了。而高悬于门上方的大店铺牌匾式则在影视剧中多见；小商铺侧方用油漆写就的店名，其实才是真实村落商店的模样，也更为现实，但今天更是极少见，因油漆与墙皮皆会脱落，墙体也会倾倒。

郝长源的店名（图1-15）更够留存至今，要拜屋檐所赐，遮风挡

图1-15　店名

雨。"郝"字尤为明显，该是店主的名字，至于经营什么，已然无从考究。这排老屋的前面一街，为一条现在依旧繁华的商业街，村落大集，但从我行走的痕迹来看，在过去，在曾经，这条街或才是真正的商业街坊，只是当下衰落。

繁体字印证着这房子该是解放前的作品，商业气氛的浓重在南方其实极为普遍，但真正保护好的却凤毛麟角。每次行走中都是偶然所遇，才可以看到真正有价值的历史，然而往往都是容易遗忘的点。并非隐藏，只是落灰太多，这已经快被磨灭的局部恰恰是局部的美，每次都可勾勒出历史，这是仅属于建筑本身的回忆和斑痕。

当这一切消失，也就是这座老屋真正生命的终结。只是我太喜欢与它们对话，坐在身边，就恍若穿越，历历在目它们留给我的提示。背后的故事总可以让后人去联想、遐想、猜想，这正是建筑与我最好的游戏和互动，任我变成一个少年，与它一同回归。

黑色门板是一种不会老去的颜色，只会变淡，但藤蔓的翠绿还是让一切变化得不那么悲哀，总是可以让人回到现实。即便时过境迁，生命也从不停歇，一轮又一轮，往复不止。即便生命如斯，老去的终归老去，该来的总会来到，努力或是悲剧都是一样，并不会迟到，这就是生命的顺其自然和我们该有淡然处之，好的叫作付出终有回报，不好的则叫因果报应，其实又有多大区别，都是人生，只有成败区别。

第十六节　嫁接徽派

在这里遇见徽派之后的马头墙（图1-16），奇怪又不奇怪，徽商的轨迹无处不在，这里并不偏僻，理所应当，奇怪是极少，因是混搭又显得另类。房屋构造并不是徽派建筑，而是标准的南方民房，而其上搭建的封火山墙，更像是一种身份的证明，证明着曾经徽商的身份。或是已

图1-16　嫁接的马头墙

经融入已久，不能忘记的只剩下曾经徽商的荣耀，还好有标记，能一眼认出远在异乡的他。

徽派与晋陕不只是商业氛围浓重，建筑也是最具代表的两个流派，都是气派与气度的合二为一，又各具特点，均为聚财安定的设计理念。却又把两种不同地区与文化演绎得刻画入骨，徽派婉约优美，晋派庄严紧密。

也有融合之处，虽然不能形成一种独立特质，但却可以见到文化交合的痕迹。如这房子的类型，在我行走的这些年中见过太多，其实它们才更为真实。平凡中的追求，从来就是随意和模仿，但其中能够表达的建筑概念才是一种自我理解和更新，也是建筑发展的内在动力。

当我们再次看到，即便是一个年代算不上久远的混搭建筑，也已经老去，人走楼空，物是人非。街上行人稀少，虽然政府进行了修整，但真正流逝的并不是建筑而是人口。

看不到路人的街头，寂静得让人有些恐惧。看到一家尚还开着的豆腐店，我忍不住停留下来驻足买点豆腐干，不是那味道一定有什么特别，只是想捧个场，传统的味道和逝去的味道却都一并喷涌而出。豆腐的味道尚存，乡愁的味道则即将逝去。当年一切荣耀都会随风而去，一切都来不及，直到老去。那些恨的人都会离开，爱的人也都会离开，我们自己也终将离开。

第十七节　"黄"天厚土

难得一见的土墙屋（图1-17），这在江浙地区并不多见，即便在过去这也算是中国富庶的地带。与我的家乡不同，儿时的土屋很多，我还可以清楚地记得在母亲的家乡都是黄土样的土坯房，遍地的柔软。这么说，是因为儿时的身体也柔软，土坯房虽然是母亲的麻烦，因为我身上

图1-17 砖土混搭

永远都是土，但却是一张天然海绵，那是城市里没办法完成的酷跑，可以从这家院子爬上屋顶，再从墙上跳下，记忆十分深刻，后文详述。可能所有的土坯房承载的记忆都是如此，不光如此，这也是土坯建筑最大的特点——永远是孩子最好的建筑朋友。

土坯房分为两种，我的家乡是用模具手工做土砖，前书中有过介绍，就是麻刀灰的那种泥浆，注入、晒干、脱模、并不烧制，这种方式在我儿时与父亲一并做过，与玩泥巴并无两样，觉得十分有趣；另外一种则是模具置于墙上，分层夯实筑墙，在前书中也有介绍，并且内部尚还可见分层用的竹篾。相同点是均要砌筑于石材的基础上，南北方基础高低不同，南方略高，因为潮湿；北方要低，相对干燥。宽度不同，南方砖或石头多基础与土墙齐平，而北方则多见基础外扩一些，稍大。材质不同，南方的材质有石头也有砖头，如照片中可见的37毫米的砖砌基础，或也不是基础，而是实在无钱，只好半砖半土坯。

这栋房子的筑墙工艺则明显是北方技艺，为土砖砌筑，此种砌筑方式在时光磨砺之后逐步溶解，风刮过，一年一层，故损毁外保护层后，缝隙会变得很大。所以土坯房尤其北方的类型，外墙的麻刀灰层十分重要。如同墙漆，损坏之后，相应的土坯层会快速老化，房屋结构随之不稳定，如图中的房子为标准危房，自然无人居住。

窗洞则是南方样式，可能你会说，这有什么区别呢？其实还真是有的，南方的窗多数可见密竖木条与稀疏的横条，更多是如照片中只有一根，其实这便是特点。北方并不如此，北方窗棂孔洞多会更加密集，因为要沾窗棂纸，而南方农村则多不用。其外南方的窗普遍木条要更细，也多发黑，这是一个细节，过去并不被人在意。成因我用了许久去猜测，恍然大悟，该是烟熏。南方做饭为室内，虽也有排烟，但室内影响仍颇大，北方做法则走烟囱，跑烟远不如南方严重，所以造就了如此的长期浸染效果。

第十八节　妆台成灰

这或是一个开始，也不知会不会有一个结束。文字之美，水乡旧梦，妆台成灰。故人才知浪漫，唯今人无知，不懂江山如画，不知岁月如歌。青春不再青春，春何来到，不羁人生，知途畏惧，方知青春是留下印记，只能挣扎，后人回味、思考。仅识舒怀，其实足矣，此行须知放下，未来须念舒怀。人近秋实，该闻桂花。一段属于桂花香的小文，走在这里应情应景。

坍塌的屋面依然成为彻底的过去式，但仍值得关注的是满铺青苔的砖地面。当下孩子无法体会曾经家中地板，儿时砖墙阴冷返潮，但却是与墙体最佳的搭配，在初中后家中搬迁才会有了水磨石地面。但唯有这砖地面才是一种随意的生活态度，更让人踏实。为何这么说？因为它不需要太认真的打理。小时候，扫地是我的事情，砖缝间沟槽很深，只要不是明显的垃圾，浮土基本都是会被扫入这些沟槽中，填充，慢慢地面变得越来越平整。这是一种简陋中的朴实，我喜欢如此扫地，要求不会太高，简朴的家中也无甚垃圾，可以隐匿不认真，也是我可以完成的事。

其实回忆起儿时的一件件事，都觉得简单到单纯，简单到完美。那时候没有垃圾袋，买菜都是菜篮子，没有塑料袋，固体的食物都是麻纸包裹，麻绳系紧，液体的食物，如酱油、醋则都是自己拎着瓶去，所以才有了后来的歇后语"打酱油的"。如今生活变得现代便捷，但是却也越来越不环保，我常怀疑自己是进步还是退化。最让我不堪的是，儿时基本就没有垃圾，仅是簸箕中的土倒在门口也就是，也不会如今天般成袋的垃圾要带下楼，垃圾围城不说，垃圾分类还是确实的困难，而我们只是放弃了简单，如那时的砖地。

梳妆台则是另一点让我感叹怅怀的一景，虽然如下已是破败不堪，但看得出简陋的家庭中，这是真正有价值的摆设，也是古物，也是传承的家具，有雕纹，也有主人的照片。但到此为止即将结束，也退出历史的舞台。黑的配色，让这一幕生动和不言创伤的含义，如我轻轻来，为它再送一程，因为我相信，那些荣耀都曾真实存在，它的主人已经离去，它终将随之一同。生活就是如此，消失的民居，不消失的记忆。

第十九节　民居并不多见的"牛腿"

各种建筑技法多因为后来的补充变得不易被人识别，但如此硕大的"牛腿"构造（图1-18）还是一目了然，让我惊喜不已。"牛腿"是檐柱上方外伸的斜木杆，血统却不一般，是由斗栱演变而来的一种支撑构件。

图1-18 偶见牛腿

门侧设檐柱，由于外挑门檐很长，必定荷载沉重，则从檐柱之上落阑额，阑额之上为檐顶起始，而在檐柱顶端榫卯出"牛腿"，如其名厚实有力，与后文出场的雀替一并为受力二人组，为中式建筑的重要节点。从阑额的一侧增设桁枋，桁枋又嵌入到"牛腿"之中，阑额与桁枋合力支撑屋面，三者相互拉结，成为一个垂直三角形的受力结构，檐柱及"牛腿"均匀分担承重，巧妙至极，"牛腿"之受力可见一斑。

"牛腿"造型精巧，是因有了平面空间也就有了想象空间，可以雕刻十分复杂的图案。这里的"牛腿"显然十分普通，雕刻为浪花一朵朵，寓意着乘风破浪之势，已然相当精彩。只是教科书中的"牛腿"太过绚烂，其余才显失色。但设置于这里，美观自然不是重点，只是其承载沉重檐部荷载的无奈之法。"牛腿"下部空间已经被现代墙体完全填充，可以想象原因，或是因为承重太大，又用墙体另行支撑，或只是徒增现代美观，不过改变不能隐藏这其中的深意。"牛腿"是大型木质建筑的一种常见做法，却没用于垂花门而是出自寻常百姓家，让我多有思量，民居可以挖掘的东西太多。

本来是木质结构，现代有了新的材质，用来叠加，却并不般配。但生硬的组合，如这顶上的屋瓦，如这墙面的造型砖，虽然尴尬但也不得不接纳，时间长了也就顺眼，也就重新分配各自的功能，建筑的变更迭代就是如此完成。

或许某些进步也是这样完成，只是当下变化太快，很多东西组合起来实在有些突兀，这是几千年建筑文化最为危险的时刻，也是我来收集的最主要理由，因为其实过往技法很难再留存，记录一下，然后快速消失。我们的记忆中，有些东西不是想不起来，是因为现实中已经没了参照物。如同感情，看不到了那些坚持和坚定，人心不古。如同粮食，看不到了原先的种子，失去了曾经的味道。而建筑再没有那些老师傅，所以才会失传。没有了生存的空间，流传也就没有了可能。博物馆能够看到的只是片段，不能再成为前因后果，唯有老屋中的灵魂无法切割。我只有努力去记述即将消失的这些，那多年后你能感受到的，应该依然是关于乡愁的全部。

第二十节　不忍跌落

虽是破坏的老屋，檩条与椽条的关系却让我一览无遗。檩条为沿屋顶长度分布的水平构件，是房子的主要构件之一，也有称为桁木，区别在后文会有介绍，屋桁是房架前后两个主柱之间的最大檩条，也称脊檩。此屋为七檩建筑，檩条压在侧墙上或主柱上，再撑起椽子做成屋顶，散落在檩条上的那几根木板即是椽条，因为散乱，一目了然，不忍跌落，或许也是等我来多看一眼。

罕见的则是椽条与乌瓦之间的做法。北方工艺简单粗暴，为大块荆条或毡皮。这里的交接却很细致，不破坏就很少见到，是连贯起了整个屋顶的做法。椽条之间搭着的是挂瓦条（图1-19），被称为挂瓦板更为合适，为细长条状，应与乌瓦的材质相同，因为规格整齐或为烧制，其宽度与椽条的间隔相对应，正好搭在上面，相邻两块挂瓦板公用椽条一根，各搭一半。从下向上看时，容易分不清材质，被认为荆条之类，其实是挂瓦板。

挂瓦板之上才是乌瓦，之间用抹灰固定。四分之一圆瓦相互扣接形成整体，整体结构成型。现代建筑中挂瓦条已经不用，因所谓的洋瓦就是长方形有凹槽的瓦块，相互拼接，有长度也自带落水槽，可以直接完成瓦片和挂瓦条的双重功能。而这样的圆瓦交错结构，并非只为遮阳避雨，两层间的空洞其实还是很好的保温隔热层，十分科学却行将消失，见一次少一次，值得珍惜这样的遇到。

遗漏中居然还有烟囱。与北方的突兀高耸截然不同，这里则相对隐蔽，像一个碉堡的机枪口，立砖成墙壁，定压多层薄砖，固定稳定性。

图1-19　挂瓦条

对比后文的各种烟囱，这里季节并不明显，所以风向变化并不算大，所以对于风向及风量的调整需求不大，这或是烟囱并不凸出的主因。

刻画的墙壁，是我多年来唯一一次辨不得的红字，悄然离去的不仅是这老去的屋面，还有一段如火如荼的历史。世间变化与时代发展太快，前几天得知13岁时落成的那座商场即将拆除，其实去年回去路过，也确实破败。它的前身是一条河沟，是我儿时滑冰的一条河渠，后来落成了一座商场。它的诞生让我略有失落，但从热闹到冷落也不过27年。如今我40岁，它却比我老得还快，今天已然行将就木。建筑的脚步多数比人生的脚步要漫长，但也有如此比人生脚步还要短暂的，它的消失也让我同样略有失落。但又不得不说，建筑的生命不仅是本身的生命周期，同样也是社会变迁的周期，我们无法改变，只能拿来记录。

第二十一节　青梅竹马

完整的墙体结构（图1-20），墙角的倒角做法。墙的砌法多样，却不可采用"包心砌法"，这里则有答案。屋角的砌筑多是顺丁交错，相互拉结在一起构成强度。现代多为一顺一丁的做法，如砌24厘米墙第一层是用丁头砖砌的，那么在砌第二层拐角时就要用顺头砌筑，也为交错。对于现代53毫米砖，一般而言墙角的头两皮砖要用七分砖，往后才是整砖砌，与图中的思路如出一辙。而眼前的老工艺更为合理，不用削头，一侧两竖丁头的墙面，至墙角均是两顺头间夹两横丁头，面墙与侧墙完全通过竖丁头去找模数，相当合适，可见面墙存有一竖丁头，也存有两竖丁头的情况，完全根据实际的使用要求而定。

完整的窗檐与门檐做法与北方民居不同，更加感性多点诗情画意。以窗为例，窗上为木质过梁，梁上砖为丁头朝外，以明确开始造型的变化，丁头一排53毫米砖之后，其上为37毫米丁头砖。因该砖偏长偏宽，

图1-20　标准青砖砌筑

所以同样为丁头朝外，自然形成了凸出部分，造型通过砌筑的不同得以表现。再其上则是黑灰坐瓦，两端采用屋瓦，利用自然外形形成上翘角，中间一排是挂瓦砖成排布置，因挂瓦砖长度更长，所以横排砌筑后凸出部分更长，立体感如此层叠形成。屋檐亦同，只是有些屋檐有过梁，有些不设，根据门的情况而定。

　　喜欢南方的建筑可能主要还是因为颜色。我喜欢这灰色的整体美感，有庄重、有接纳、有内涵、有故事，它的整体或不如北方民居套路深（系指院落的几进几出），因北方民居多形成为院落，故而有了些偏重和嫌弃。江南虽也有类似，但近水的房子则更多，民居中讲究院落者不多，却让青梅竹马成为可能。多不设围墙，仅是栅栏，更为开阔，浪漫故事因而婉婉道来，这是水的力量，也是水的包容性。有水的建筑总是如此，不争中改变着建筑，改变着建筑中的人，改变着近水地域的文化，有了灵性，有了婉约，也有创造力。

第二十二节　如何收官

　　民居中的屋脊多为平脊，单一屋脊，位于屋顶前后两坡相交处，是屋顶最高处的水平屋脊，南方为堆瓦成脊梁。正脊两端有吻兽或望兽，中间可以有宝瓶、宝塔等装饰物，当然这些多见于庙宇宫殿之中。民居则白灰筑顶，为宝塔状。两端为正吻，宫殿类多以神兽居多，民居则多寓意防水，多为回字吻，是江浙地区最常见的样式（图1-21）。照片中

图1-21　砖砌体正脊

不太清晰，猜测回字吻的形象或接近于水纹式样，近水文化该是出处。回字吻同为白灰屋脊吻，与宝塔顶一并，从两端挤住堆瓦，形成脊瓦做法。

　　图中是标准的屋脊封边，一切的堆叠总要有个头。如何收尾从不只是建筑的学问，也是生活的哲学。如何能够把建筑尾端完满收边，是建筑生命长短的重点，也是建筑技师水平高低的鉴别，其关键在中间的过程。其实建筑师顺带已告诉你生活的真谛，生死就在两端，堆砌的只是中间，用有限的长度来表达出精彩的不同是建筑师的功底，也是收尾的顺其自然；用有限的生命完成绚烂的过程则是生活的高手，是生命的必然结果。

　　建筑是经验，可以借鉴，一代代技法进步，人生却多有不同，需要自己一点点来琢磨。不成熟、不成功之后，都已然掩盖起来主体，最后比较的只是把一手烂牌打好的能力。真的好难，但每人却又都可以顺其自然，在改变中前行，最后都成了自己生命中英雄。

第二十三节　心里仍然会有痛

　　风轻云淡之后，行程有开始终有结束。江南水乡的傍晚，一切安逸又闲静，时光可以改变建筑的容颜，却不能改变安静的结果，喧嚣再闹，也只是过眼云烟，慢慢坠入尘埃（图1-22）。

　　本想这该是一个新的开始，其实第一章到了这里就写不下去，才明白该结束的早已结束，即便不准备放弃。最后只剩了逃跑的念头，而不再是动力和勇气。在四十之后，我或变得没有了勇气，或真的没有了力气，但结果就是无力的，曾经的挣扎是为老屋，如今放下是因为觉得自己做不到。不能再过详细，因为很多的故事只是属于老屋与它的主人，那一部分需要每个人去自我感悟，或还不到时候，但不会不存。

图1-22　水乡夜幕

　　一直犹豫着前行，能够最后完成，回看第一章也是一种勇气。建筑的使命必达，我不好推却，只好用了剩余的生命来写就。必须用灵魂来表述的内容只能付出心血去做，但求不辱使命。

　　人生或可以透过层层时间，看着自己变得强大，然后开始衰弱。每一瞬间都是一个人生，每种激动都在一个瞬间内完成，原来变化是如此之美，而放下也是如此之美。

　　我们留下的美好已经成为回忆，人生不会再来也不会重新开始。能够看着建筑消失湮灭，本来就是它们最好的去处，能够留下的部分就是那些感情，我已尽数感受，不能再有行囊去收藏。

满身的伤痕既是一种历练也是一种觉悟，对于建筑，我心里仍然会有痛，对于生活、对于爱我也仍然会有痛。但我不得不说，能够曾经有过短暂的交集和刹那的快感，已然是所有生活的真谛，无所谓珍惜不珍惜。能够相遇已经很美，再见或再也不见就也不再那么重要。

第二章 东部沿海：
近代西洋的建筑舶来品

　　这一部分的建筑介绍是一种挣扎后的开始，因本不准备接下来这本书的撰写。其实，人生有过很多步履留停，记忆所及之处却真的不多，极易自我丢弃。好在有了摄影技术和不断提升的设备参数，让我在十年弹指一挥间，居然还可以重新审视这些建筑与背后的细节，依然心存温暖。

　　近代中国民居除了中式的传统村落式建筑，如同西服对中式服饰的冲击，20世纪前后海外舶来的建筑形式也对中国本土的建筑形态产生了巨大影响。在此之后涌现出大批国内建筑师，更是直接逆转了公建的建筑技法。国内公共建筑逐步转入砖木混合结构、砖石钢筋混凝土结构等，在民居方面却并没有产生太大的影响，主要原因还是混凝土结构造价昂贵，不适用小型民房。在约100年后，钢混结构大量用于居民建筑时已经是多层及高层住宅楼了。

　　但作为一个特定时期的特定民居形态却不得不说，因为涵盖范围很广，从北方的哈尔滨到南端的厦门无一例外，留存的建筑甚多且类型丰富。虽然记录了一段屈辱的历史，甚至建筑类型被称为"殖民地建筑"，但从建筑形态、建筑技艺、建筑构思等方面不得不说都是全面的思想冲击，翻开了新中国建筑业的新篇章。

　　用一栋公建来开始这段行走吧，摄于大连（图2-1），巴洛克风格的办公建筑。虽并非民居却实在经典，必须拿出来展示。巴洛克风格始于文艺复兴时期之后，这种建筑的特点是重于内部的装饰，而在外部造型上多采用曲线，常常穿插曲面与椭圆等外部空间设计，如拱形顶、圆形或半圆形窗，装饰件纷杂繁琐。同时也会在立面搭配罗马柱，或完全整体矗立在立面外表，或是半隐藏于墙内。这栋建筑包含了俄罗斯建筑风格，同为巴洛克风格，我曾在伊尔库茨克拍过相同的建筑照片，艺术表达上承接了罗马式建筑，形式上着重表现庄重之感，加之俄罗斯民风的融入，让这类型建筑有个普遍共同点：外皮多已经脱落，采用的外墙面该是油漆类涂料，所以脱落时为细碎部分逐一瓦解，但在黏实的部分有

图2-1　巴洛克风格

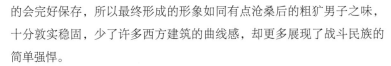

的会完好保存，所以最终形成的形象如同有点沧桑后的粗犷男子之味，十分敦实稳固，少了许多西方建筑的曲线感，却更多展现了战斗民族的简单强悍。

屋顶设置罗马窗造型，考虑为砖砌结构形式故不再承担主要受力，更多作用则是装饰。记得曾经有地产商的住宅顶装饰构件因与此类似而被吐槽，因为像极了墓碑，如果成片，中式文化之下的满眼恐怖确实夸张。但不能因此而责怪建筑师，因为巴洛克建筑风格的几种特色顶最常见的就是这种墓碑顶，当然西方墓的模样与东方差异巨大，所以在西方建筑中这并不代表墓碑，只是照抄进入国内。那么问题就来了，该种屋顶与南方的墓葬外形极为相似，所以歧义顿出。巴洛克风格或是其余欧式风格建筑均有小窗配以神像的立面造型，圆形石窗亦同，最早常见于教堂神庙，如米兰大教堂的各式神龛。但随着在民用的不断延展，拱窗的造型依然留存，但是神像消失了。站在欧洲的建筑角度来看并不觉得不妥，造型依然犀利，使屋面错落有致，只是不能再拿来用在中国。不同文化下的建筑应用需要考虑当地风俗，尤其不合适用在住宅小区，成片后简直遐想连篇。

这栋建筑虽是100多年前的作品，但看得出来保护极好，要不是镌刻在砖石上面的建造时间，决然不能猜测出始建年月。不过老建筑该看的是风轻云淡之后老而弥坚的样子，所以我非常喜欢。

俄罗斯的建筑确实与民族风格相似，也十分耐用坚固，即便看着危险，再住个50年估计也难倒，至少我并没有看到什么俄罗斯楼塌的报道。这点就远远比过了我们国家50年使用期的建筑，感觉相去甚远。

第二节 尖顶木板墙面装饰

图2-2摄于大连，有些像哥特式建筑的民居，也较为常见。由于采用

了尖券、尖拱和飞扶壁（也通常以半个尖拱券的形式出现），所以哥特式建筑多出尖顶。

尖顶木板墙面装饰是欧式民居中最为常见的装饰特色之一，多见于锐角顶及梯形顶等建筑形态中，国内的仿欧建筑中应用极为广泛。图2-2是美好样子，后文的图2-23则是破坏后的拆解，均摄于大连。

在我的眼中，木板墙面的装饰像极了梁枋结构，所以对于其真实的作用一直是按着梁枋结构的思路思考下去。最早不解这木条纹的用处，它把墙面分割，显得生动且有洞穿力，有的局部有的整墙，却没有定式的整体美感。后来又开始怀疑是不是某种承载构件，因为有拉结，也有力学上相互的挤压和承受，这点如同梁枋。怀疑了很久也找不到答案，直到这个破损局部才让真相一览无遗。

其厚度并不厚，就是装饰性木板，最下方为分隔横板，固定方式很简单，可见就是大钉子钉在墙上用以分界墙面区与屋顶区。之上则是竖

图2-2　尖顶木板墙面

向板及侧向板，并没有太固定的式样要求和依据，但多数会形成立式的Z字形构型。上顶至屋檐，下依到横板，之间的关节部分相抵，则可以利用构件来相互受力相互支持。其背后其实还是砖砌墙体，是标准的砖木结构。

檐板的构造难以直接看清楚，但却可以猜个八九不离十。利用屋面的木质挑檐挑出，其下外挑，做出一个箱形造型，受力点则在上方的杠杆性长屋面板探出之处，吊着这些内部空洞，木质结构并不占分量，所以可见破损之后的模样。固定处仍然结实，插板也还是能够相互挤住，但已经脱落的短板只能悬挂漂浮在外面，依靠着钉子勉强固定。不是榫卯的结果就是如此，结构其实已经垮掉，不再是整体，但由于局部钉子的存在又不至于全部松散，所以十分容易辨识，这时候才会觉出榫卯的好处。

壁炉烟囱是我既熟悉也陌生的采暖系统，作为一个北方人，儿时生活在火炕的采暖环境中，其实与西方壁炉十分接近。在这里可以见到另外一种模样，多有几分亲切。其实大连的冬天并不算十分难熬，壁炉的引入更多还是一种生活习惯的延续，壁炉其实是西方社会的产物。俄罗斯冬天极寒，而壁炉后面多会存有的火炕则是东方西方完美结合在一起的产物。壁炉烟囱会向上砌筑，通到上层采暖，与我们平房采暖使用的铁皮炉筒功能类似，所以出现了图2-2中的大方形烟囱，由一层通往二层，再向上直至天空。与后文要记述的济南民居不同之处就是烟囱的尺寸并不见明显的缩小，虽然也会有局部管孔防止落物，或因不存在人为破坏的可能，整体却并不明显收口。

第三节　俄罗斯头巾式屋顶

为了单独介绍这个在大连的建筑形态（图2-3），只好借用一张在俄

图2-3　大连的头巾式屋顶

罗斯拍摄的照片（图2-4），虽然两图的顶部造型明显不同，但明眼人一眼就可看出两图相似之处：第一为颜色，均为绿色，其实在西方建筑中顶部采用绿色并不多见，需要推至古罗马时期，再后来则是伊斯兰建筑多采用绿顶，这个很常见。第二为样式，洋葱头式顶部造型在俄罗斯教堂中不少，但在伊斯兰建筑中同样使用更多。与罗马式或拜占庭式建筑的四柱帆拱不同，这种洋葱头式样的建筑为直接拱券加基座的方式进行砌筑，其实为两种不同的形式。可以这样说，在伊斯兰建筑中，其实穹顶是发展到了一种成熟和极致的阶段的形式，在目前可见的世界经典建筑中并不鲜见，如泰姬陵及索菲亚大教堂。图中的建筑形态可能或多或少为宗教建筑融合的产物，从基督教、东正教，再到伊斯兰教，由西向东，而建筑也由罗马式建筑、洋葱头式建筑、伊斯兰建筑一样在逐步发

图2-4　俄罗斯的头巾式屋顶

生着变化，十分有意思。再仔细看，这两种类型不就是一种洋葱头式建筑的变形吗？一边是基督教建筑的原型，另外一边则是受到伊斯兰建筑的影响的产物。

故单独把这种屋顶类型拿来看，如果说尖顶来自于欧洲的传统民房，那么这种头巾式四方顶、圆顶的建筑形态则极有可能来自于伊斯兰建筑，为世界建筑文化相互反复交融的结果。虽然只是一种猜测，至少可以让自己释然一下。有些建筑的历史，时间磨灭着一切痕迹，但只要建筑本身还存在，那蛛丝马迹就还是会被人发现，这就是分析和记录的价值所在，也是给人形成推断的基础。

第四节　近代混凝土遗存

图2-5摄于大连。所谓混凝土，就是将水泥、砂子、石子、石灰及外加剂等加水混合，如水泥砂浆里是水泥和砂子，加入石子后强度加大，碎块状石头又比卵石的强度更大，其中适用场所有所不同。水泥是一种水硬化材料，在硬化过程中必须有水的参加，化学反应的最终产物是水化硅酸钙。而石灰则是一种气硬化材料，在硬化过程中是空气的碳化反应过程，与二氧化碳发生化学反应，最终产物则是碳酸钙，两种反应的交互影响让浇筑体坚硬，于是就有了碳酸盐水泥和硅酸盐水泥的两大类别。

在中国民居中，混凝土的应用很早，从明朝城墙主材为蛋清、白灰为胶粘剂，再到后来岭南建筑的三合土则是加入了卵石，其作用有如石子。这其中仅是没有水泥，但白灰所起的作用却相同，前文已经介绍，相对强度略差，但已经是泥浆的巨大进步。

石头砌筑的建筑中，采用混凝土填充的情况还是比较少见，古老民居多采用泥浆固定粘接，而当下建筑形式中混凝土加入钢筋则更多是作

图2-5　水泥的早期形态

为承重体出现，而非胶粘剂。作为承重体采用剔凿的石块，剔凿痕迹明显，也并不多见。民居中的石块多不规则，如山东民居按石材自身的形态来相互弥合，采用整齐划一的石材在民居中并不多见，而石材与混凝土的搭配则更是少见，所以拿来记录，可能也算是一个特定时期的建筑特色。是在石头尚未退出建筑材料而混凝土已经出现的一个时期，也就是距今在100至200年以前的那段时间。图中清晰可见填充和粘接材质：水泥、砂子、白灰、石子，而半脱落的勾缝砂浆又看出了勾缝的材质：细砂、水泥。

一个局部已经介绍了如此多的内容，那种坚定和稳固让我觉得这是新旧建材交接时最稳固的时段了，这之前只是靠挤压受力，这之后则开始侧重建筑的减负，遂有了钢铁骨骼。却只有这个阶段短暂却历久弥新。

第五节　存在不久就已消失的窗户

　　我的儿时，也是类似这种窗户，老式对开的方格玻璃窗，有上梁，窗内的上梁与门窗上的过梁作用相似，过梁是承重窗门上方的水平墙体，而窗内上梁则分担了上方的玻璃荷载。同时，面积太大的对开窗扇，木质容易变形，未来开窗不便。上方小窗与中式建筑的横披如出一辙，多是固定扇，下方开启扇则是上方小窗的倍数设置，如图为三倍。

　　随着越往北，可开启的窗洞面积越小。这张照片摄于大连（图2-6），与之前的壁炉烟囱一样引自俄罗斯的极寒地区。因有日俄战争的影子，不是日式就是俄式，所以开启窗的面积多较小。对开窗的开启部分多为下部的两扇玻璃的窗扇，两侧单开为多数。单层玻璃还是双层玻璃不能十分明确得出，但我猜测该是双层玻璃，双层只为了减少散热。在我家乡，温度远比这边要低，同为里外两层窗户。但单层玻璃窗在这里出现未必不合理，因为大连温度并不低，单层双层设置变得未必绝对，故只能认为是外来引入，是来自极寒的建筑习惯。

　　上下两扇的窗户又设置了内部格栅，木条材质，也同样极少见到，加装了内部格栅后，自然变为了不可开启窗扇，却无意中增加了美感。儿时看电视中有轰炸画面的时候，每块玻璃窗总是贴上米字交叉的胶带，这可以起到一定抗震作用。贴了抗震胶带的玻璃，破裂的可能性可减少百分之三十左右，且破裂后玻璃不至于飞散，也可以减少对人体伤害。所以小窗户作用也可能类似，尽量小，用来在轰炸时进行抗震，这一点不得而知，但猜测并非没有理由，也是特殊时期的特殊建筑产物。所以除了可以开启部分外尽量做得足够小，除了抗震，也确实结实。

图2-6　俄罗斯窗

玻璃的固定则与我儿时并无两样，窗一侧有木框，使一侧顶住嵌入的玻璃，再用小钉子在玻璃四面各浮钉一两个，让其正好在内框里保证玻璃不脱落即可，之后工序则是采用腻子将玻璃与窗缝密合起来，同时完成防风及隔热的作用。这个工作我儿时常干，玻璃腻子也称为油灰，是一种油性腻子，因为腻子这种材料只要避热就可以永久保持柔软和圆滑，所以在我的儿时认为就是一种橡皮泥。但由于内部的拌料为熟桐油，所以气味并不好闻，所以每次腻完玻璃缝手上总是留存一段时间桐油的味道，一直记忆到今天。可想印象深刻，并不是一个舒服的活，也还要注意被钉子头割伤手。腻子远比现在的玻璃胶之类材质老化得快，所以基本也就维持一年的时间，如同图中的那种逐步缺失，第二年需要去除之前已经发脆的腻子，再来一遍。

过去的时间并不算长，30年左右吧，但如今随着窗户的演化，玻璃腻子已经基本消失。当然消失的也还有我的童年故事。这样的窗在我儿时冬天是不能抗风抗冷的，所以父亲会在外层加设一层牛皮纸或是塑料布的卷帘——先是牛皮纸，后来塑料盛行，变为了塑料布。但无论哪种材质都迅速消失在了时光中，窗户的形式由钢窗发展到塑钢，又到断桥铝合金，并且继续向前。那时每天白天卷起夜间放下，当然确实还是冷，只是儿时的快乐感太重，以至于我不觉得寒冷。这些窗户总是带来阳光满满，冬日暖阳才是恋上被子的好时光，妥妥地都是回忆的留存。

第六节　八角悬挑厅，逐渐消失的流行

说窗可能略有不合适，因为从整体表达上来看，更像是一种偏厅，图2-7摄于大连，图2-8摄于青岛，时间间隔8年，但房屋的建造时间接近，均为20世纪30年代的作品。在这个年段出现了不少圆形或八角形的厅堂作品，无独有偶，在我所居住的城市，同样有一座日本人建造的楼房，被称为八角楼。大连是日俄战争的发生地，青岛则是日德战争的发生地，我的家乡也曾于抗战时有日军驻兵，但均有类似的建筑形态留存。时代相仿故可以推断，这种建筑形态的流行时段极其可能来自于日式的建筑风格。但建筑物就是如此，越是战争，文化冲突越强烈，越是会产生意想不到的建筑形态和产物。不同作战的敌对双方，最后总会演变出一种双方都相似的建筑风格，但又存在超越的形态，是不同建筑类别的融合产物，其实也是相互借鉴的产物。

图2-7的八角厅可以猜测原先的屋顶不该是彩板，我理解的八角厅的最佳效果还是图2-8的形态，为阳光顶。圆形或是八角形的建筑空间利用率并不算高，如果仅从外观造型而言那也仅是一部分理由。总会有一些特别的人钟爱于这种形态，因为有了一种温婉的示意，也有了四面通透的视角。

图2-7 大连八角厅

图2-8　青岛八角厅

无独有偶，昨天中午散步时，遇到两个聊天的妇女，无意中听到了关于圆形的另外一种解释。其中一个人说：某某真是有意思，把方方的厅硬改造成了圆形的厅，居然还说这是空间利用率大，真是好笑。另外一人则回应：但挺有意思的，她把被圆形掏空后矩形厅堂的边角空间利用起来，留了各式的柜子和储物间。虽然不能想象会是一种怎样的情形，但我深信圆形的空间对于人的安全感而言，必然是有一定的心理安慰作用；矩形的棱角总是给人以角落感，不可清扫干净，藏污纳垢，还有冲突感，圆形则可以有效避免这种心态的出现。或这就是喜欢圆形建筑的初衷，也是一种建筑心理的秘密，可能正好被我所听到。

第七节　老物件

同样还是老式的木质窗户，展示点不同了，这次是老式带羊眼门窗风钩（图2-9），一套包括一个挂钩及两个羊眼螺栓。其中一个羊眼螺栓固定在挂钩一端的圆环上，另外一端则需要固定在木窗上。羊眼螺栓是广泛用于固定各种吊挂的配件，也是建筑装饰常用五金配件之一，它是极少见采用手来完成拧入的螺钉，针对纸顶棚及木质门窗等专用。如图2-9所示，固定好的挂钩也因为有了羊眼螺栓而有了余量，而另外一端找好位置拧入的另一个羊眼螺栓有空间，也就又增设了余量。二者都有余量，那么给开启的窗扇一种并不强硬的固定，反而有了一些空间上的缓和度，不容易损坏门窗，但风来的时候，又会紧紧拽牢，多像仁慈的父母啊。

每每看着这些老物件，我总会为之感触颇深，其实余量真的不好吗？为什么一定要控制所有的成本、情感、关系。多给他人一些空间和宽容可能并不能觉出来效果，但是如果能够有两个羊眼螺栓再加一个挂钩圆圈，相互都存一定尺度的余量，效果就明显了，既化解了施工本身

图2-9 北方双层窗

的准确度要求，也让未来的使用变得顺手。宽容是让世界变得简单的唯一办法，但我们总是希望攫取更多还有可能的利润、资源，对于事情总想极端地完成，成功地绝对且彻底。但不懂有得有失，太过于强硬，也就意味着摩擦会加倍增大，甚至会出现太大争端，会无法实现。

老物件中的建筑技艺如同榫卯，也如同斗栱，无一例外都是先留存一定空间，才可以相互插接。越是外界拉结，它反倒因为松散给了每个单体更多自我实现的可能，物尽其用，则使榫卯变得越加坚固，这是一种余量才能给予的力量。余量是一种给予每个人的宽容，正是因为这种宽容的出现，才使真正困难时大家能抱成团，迸发出强大的凝聚力。太刚则折，太柔则废，太满则是太刚，容易折，万理皆同。给孩子余量，则他就会有未来；给关系余量，则未来不会留下太多失望；给事业余量，则未来总还有继续的空间。

第八节　厚重的楼梯才可弥新

本书中楼梯涉及的次数并不少，但这一处尤为厚重。在西方国家，楼梯皆被当作一件家具来对待，所以在大连看到一座仍在使用且保护完好的实木楼梯（图2-10）令我十分震撼，让我对于这种理念再次理解加深。拍摄的位置就是触摸的位置，其实只有用手感知方能觉出，那种来自于建筑本身的温度，柔和宜贴近，可能说得略有夸张，但那种舒适感确实对每人都是一样的，温婉。

西式木质楼梯的上漆工作都是在专业漆房完成，在施工现场唯一的工作就是组装，所以可见转角立柱与上下行楼梯的对接痕迹，十分明显。主人对于其维护也是十分到位，每隔几年会用桐油刷一遍。有了定期的维护，对木质建筑而言极为关键。我曾在日本见到大量保存完好的神庙建筑，千年作品并不少见，能够维护如新，也是两年一遍桐油的结果，这是木质器件防虫蛀的核心。这一点国内木建做得并不好，虽是种种原因难以一概而论，但实际上唐代及之前的建筑已经很难见到却是现实。所以能看到这样的楼梯，瞬间心存感恩。一个物件可以并不在意它

图2-10　大连老式楼梯

的真实年龄，苍老并不是一种不被认可的态度，而它现在所处的优雅状态，才使人颇生感慨。

斑驳的印记最令人震撼，坑坑洼洼可见证的却是木质的坚硬，也可以见证经历的太多故事。能够岿然不倒，则是来自于建筑本身的力量，我总是会怀疑各式建筑能否承受各种外力，如台风、地震、洪水等。在灾难面前，这些木头、砖头、石头看着总是单薄，多数情况可能被破坏，但却很难被摧毁，这是建筑本身的裕度，也是建筑的内在力量。所以心理呢？也是太过于保守了，其实我们总觉得自己很脆弱，无法承受那些痛苦，其实人的裕度同样很大，人性的坚强总能被困难磨砺出来，令你自己都觉得惊讶，生命的光彩也是在激烈撞击中才得以显现。

这是一栋主人不常住、但是有人收费的可参观民居，有个老太太看门，很热情，门票不菲，但确实还是很值。保护其实可能不来自于房东，而是来自于我们这些参观者，室内沙发可以随意落坐，因四面都是观景窗。屋顶的天台可以轻易看到大连的四周风景，因此，我可以用视觉拆解这西洋老民居的结构，也可以用视线拆解周边的屋顶做法，那种感觉如同射线，穿透它们，直觅灵魂。

木制楼梯踏步板，可以猜测是实木拼指接板，因经过拼接处理的实木踏步，有了自然的缝隙，就不再易变形开裂，也就经久耐用。只是拼接楼梯板的价格要比多层复合板贵，但走上去的感觉会有明显差别，没有了咯吱的声响。这是因为复合板容易变形，时光流逝，变形的空间就成了鼓面，脚步则变成了鼓槌，很好确认，所以百年无声，是没有变形踏板的一种质证。

楼梯的所有构件要消除锐角，故所有部件应光滑、圆润，不可有凸出和尖锐的部分，以免对使用者造成无意伤害。这一点在这个楼梯上表达得尤为彻底，因为它代表着安全，所以没有任何抗拒性是一种基本要求。

这段楼梯给我的印象极深，是那种饱受创伤后的镇定和安静。生命的本身并不会因为一生坎坷而失去光彩，反而这种柔和的感觉让人安全感永存。我既可以受伤买醉，也可以坐在踏步上重新反省生活到底是哪里出了问题，她就如同母亲般给予我依靠和接纳，这是楼梯给我的感觉。曾经有位我尊重的女士告诉我，有楼梯的建筑才会有延伸感，才会有拓展的空间，才会有深度，才会有遮盖隐藏。时过境迁后，我想我懂了，虽然晚点，但总还是可以出现在这书里。

第九节　无处不在的罗马柱

如果说斗栱是东方古建的特点，那么罗马柱则是西方建筑的性格。罗马柱的起源为古希腊的柱式结构，是欧洲建筑最早的鼻祖。它是以希腊柱为标志的建筑式样，却成为神庙类型建筑辉煌的尾端。在希腊的雅典神庙常被作为典型，其时间段为公元前400—200年间，而更早则在埃及，时间段在公元前14—15世纪，如太阳神庙。所以能够留存的神庙结构，多始建于公元前。再后来，罗马皇帝安东尼为纪念死去的妻子而建造的神庙，为古罗马城中早期的罗马柱作品，之后则变为一种独立风格，也就有了自己的名字。从此不再仅限于门廊室外，如这室内的空间变化，也就有了罗马柱的应用（图2-11）。与今天吧台有些形似，只是观感上更加艺术，实用角度也有说道，明显增加了室内的使用空间，尤其是装饰性的物件有了摆设的位置，与罗马柱相得益彰。

在室内一般而言，尤其是国内的民居形态中，墙体内进行造型处理的其实并不多，中式文化的内墙处理就是格栅，木质的居多，砌体墙上开洞的情况并不算多，毕竟影响结构安全，对于民居而言是存在一定的风险。而罗马柱则是把这种既美观又有承受力的构件发挥到了极致，并进行到底，一传承就是几千年，如今仍然不衰。

主要原因还是其艺术形式上可以表达庄重之感，这一点在公共建筑中尤被看重，世界各样的政府机关屡屡可见。再后来的演绎中，考虑砌体砖结构形式的大行其道，不需要罗马柱再承担主要的受力，则更多作用变为装饰效果。一度罗马柱构件在国内成为烂大街的模仿体，是并没有悟其精华，只是模具压制玻璃丝石膏，外层很薄很脆，经不起时光的考验，还未等我变老，就已经风化为"古罗马"的样子，没有分量，更为破败。罗马柱的几种应用，全明如希腊柱，支撑大檐盖，半明形态，立面砌筑时部分凹入，表达上有层次感，如果仅是平面贴个装饰件，效果是穿假名牌的感觉，接口会随时间慢慢显露，再慢慢分离，但不会很久。再一种就是这种镂空的墙内罗马柱，在民居并不多见，既可受力也可装饰，也是折衷，但却是种演绎的升华。

罗马柱在很多地方不停被改造、被演绎，如国际象棋中的各种基座形态，又如楼梯立柱的最常见形态等，与建筑都无关联。所以建筑的影

图2-11　室内罗马柱

响绝非用于受力那么简单，更多时候建筑形态形成的美学可以维持更久的流行。如罗马柱、斗栱、巴洛克风格，这是建筑本身的气质。

第十节　构造柱之前的秘密

图2-12、图2-13摄于大连，与现在水泥构件不同，那时的窗檐板与窗框并非是干式或湿式的挂件，虽然很容易被人误解。但从窗套与墙面一平的角度来看，挂件必定无法实现，所以应该是整体的成品水泥构件安装于砖砌体的窗洞之中，承载它的是外墙层，这样的建筑构造形态怎能不坚固。

图2-12　多层砖砌楼房构造柱做法

图2-13　多层砖砌楼房构挂件做法

重点还是墙体的砌筑，与中国的砖砌民居有相似也有不同，相似之处是标准的梅花丁式砌筑，丁头与长头分层砌筑，形状如花，前文有述。需要注意一点，越是寒冷地区，丁头砌筑的方案就越多，很简单，需要足够厚的墙体，内侧会是一顺，外侧会是丁头，这样才能凑出37厘米的墙体。而采用面砖侧立的砌法则并不多，也很简单，是因为这是楼房，需要最佳的砖体承重水平，面砖立式砌法并不算稳定，不能砌筑太高。与国内砖砌体也有不同，就是尺寸，这里红砖的尺寸感觉还是偏大，并不是常见的国内型号，或是俄罗斯的当地标准。国内红砖长头标注是24厘米，此处长头应该略长，外墙体更厚，至少37厘米。我的家乡位于塞北，寒冷异常，所以深知北方的外墙体都是37厘米，再薄一点那就根本无法居住。实际砌筑就是一长头两丁头，下一层则是里外换位，如此往复逐层砌筑，在墙面上就是照片中的效果，长头和丁头相互交错，立面上和平面上同样形成梅花交叉，最大的好处就是稳定性好，立体的拉结，不需太多解释。

唯一我不能够理解的是，每隔约一个房间会出现一根向外凸出的砖柱，凸出部分进深约是一个半的长头距离，正好也是三个丁头的距离，可见是至墙面就截止，说明了一个问题，这个砖柱就是外贴，而非深入到墙内。那就有意思了，它顶在外墙的作用是什么呢？大胆猜想一下吧，对比前文的"包心砌法"，在大跨度砖混结构中，在没有构造柱的时代，多层建筑物对于相互交接的两道墙体必然有固定稳定的办法，那这一组组的砖柱的作用该是起到辅助支持的作用。构造柱的引入就是为了增强建筑物的整体性和稳定性，现代多层砖混结构建筑的墙均设置构造柱，除了相互垂直的两堵墙，也要与各层圈梁相连接。但图中的砖砌结构不存在圈梁，则只能变形为上下直通的砖柱，顶在外层，对抗来自于内部的压力，从横纵两个角度形成一个可能够同时抗弯及抗剪的空间构架。所以与构造柱作用相同，它是防止房屋倒塌的一种有效措施，这一点才是本书表述的重点。这种做法是纯砖砌结构与构造柱结构之间的一种中间形态，但流行的时间并不算长，到了20世纪五六十年代后慢慢退出建筑舞台。但也算是单一的力学处理，演变为了力学与美学的双重体现，深感建筑的合理总是那么美。

凡事都有一种如庖丁解牛般的合理处理方式，在建筑上所反映出的尤为清晰，如果觉得任何设计发蹩、不顺利、不习惯，那一定是不合理的地方，而不是需要时间去强硬适应。需要换个角度、换个思路、换个办法去重新设计，而总有那么一种最合理的设计办法，才会让所有的问题迎刃而解，这一点在我的设计生涯中多次遇见。

建筑设计就如同一个密室逃脱，或也可是个武林高手，并不用眼来关注，而是凭感觉行事，是那种闭眼用耳倾听、高人一等的状态。那种感觉如同太极，是一种如水般的顺势而为，会随着节奏游走最佳的道路。已故设计师扎哈的心血作品北京大兴机场前段时日竣工，看着她宏伟且短暂的生命迸发出的最后闪光，我说很壮观，父亲说国内设计师也可以完成，我想是的。但是我并未遇到，因为她的设计，就是如同我说的并不需要眼睛，如海星般的外形，只是把梦和现实完美融合在一起了，用灵魂徜徉在建筑内部，那是比生硬拼凑的概念强于百倍。建筑本无形，建筑或只是一种概念，但建筑恰恰可以表达灵魂，这是建筑生命与建筑师生命的凝结之处，不是每个设计师都能有如此境界，因为这需要勇气和付出。

第十一节　无所顾忌的建筑色彩

如果说传统民居的色彩相对单一，我确实缺少办法描述，那么近代的西洋建筑则弥补了对于民居的色彩偏见。如这摄于青岛的老式民居（图2-14），这种靛蓝色深于蓝色，即青出于蓝而胜于蓝。换作服装，因不容易被普通人能够驾驭，这个色彩也并不常见，但是换作建筑的外

图2-14　建筑色彩

立面，该是更难。但这青岛的老宅，丝毫不觉得尴尬，拍摄时天并不湛蓝，如果蓝天白云可与之搭配，该是毫无违和感，更让这种蔓延的情调无所顾忌、肆无忌惮，这就是建筑形态与色彩的完美统一。有形的、有个性的建筑，总是需要与之搭配的外套，也就是建筑色彩文化。越是有凹凸造型的建筑可驾驭的色彩越是丰富，与人并无不同。

当我们用尽言语的力量，去表达红橙黄绿青蓝紫，但建筑却可以轻易地用一种你无法企及的认知，给予你一种全新的色彩，也会给你一种意想不到的心情体验。它或可以褪色，褪色中展示的是一种自然过渡的成熟；它或也可以再次融合，重新改变，换另外一种风格重新现身，但也是一段生命的再次绽开，但无论何种改变，这都是一种建筑文化和建筑本身的特质，让我总是为之惊诧。

第十二节　民居也可以可爱

外墙除了干贴、湿贴、涂料等之外，还有一种较为常规的工艺，那就是外墙喷砂，当然这是个通俗的叫法，但却通俗形象地表达了工艺的做法。实际的学名为外墙真石漆，也就是一种涂料，采用喷涂固定，喷涂后会有砂粒的质感。据说起源于日本，但年代不详，所以照片中的真石漆或是后来重修的内容，但不重要。日本是地震带上的国家，经常发生地震，如果采用干挂石材或是湿贴瓷砖，都容易脱落和坠落伤人，所以根据需要，则发明了真石漆喷砂工艺，应用于需抹灰、粘贴瓷砖等部位，主要是外墙，部分屋面也有应用，因其为防水砂浆，同时兼有防水的效果。

但实际在使用中最被人看重的特点，还是它粗糙但有质感的效果，至少对于我来说如此。瓷砖板材确实太过光滑，让人觉得虽然美丽，但却存有距离感，不能亲密接触，多存不实在的戒备之心。而涂料则又太过平实，没有了个性，难以给人留下深刻印象，最多只能在颜色上做点文章。真石漆则完全不同，有不规则颗粒感，保持着一种建筑张扬的个性，却又不出格，只是有沧桑和不屈的质感，若不羁，但并不是让人不放心，反倒给人一种安全感，可能正是因为它的真实性吧。实际的使用效果同样不错，我看到过时光践踏后的涂料裂纹，如同皱纹般爬上墙面；也见到过大风大雨中，悬挂石材的危险脱落；但却未曾见过外墙真石漆的裂纹与脱落，这可能与施工的工艺有关。真石漆作为胶粘剂拌混天然石粉，打完底漆，之后再喷涂即可，胶粘剂相对普通涂料粘接强度更大，对于干挂、湿挂石材接触面更大，或也更为牢固。

　　但真可爱的却是这立面的造型。图2-15摄于青岛，小窗户采光不足，太小也显得立面不够大气。但我没有想到设计师居然做出了窗户一样的造型洞，逐阶分布，随着平面向里徘徊，又顺着立面向下错落，做到了立面上的剖面。这使我想起了巴塞罗那的圣家族大教堂，虽我并没有去过，但我认为可以理解高迪的那种想法。铸造一个城市的生命是需要时间的，建筑如同一个蜂巢般，并不需要足够的图样，需要的是一个框架、一种思路即可，只要沿着这个思路走下去，上帝会给你安排一种最为壮观的形态。这在圣家族大教堂中表达得淋漓尽致，高迪作为近代交接的一代设计师，延续了传统欧式的建筑风格，尤其是教堂的传统庄重，但是也开启了现代建筑思路，那是一种新材料、仿生学、自然节能等建筑形态的开端。高迪的建筑不再讲究平面，更多的是自然法则下的弧线、抛物线、自然堆叠等，颠覆了刻板建筑的长期感觉，但与后来的新兴建筑又不同，他的风格是传统风格的自我表达，这点是我尤为欣赏之处。

　　虽然这个外立面还不足与之相提并论，但是把建筑与仿生学以及顺其自然的外形结合，还是给我留下深刻的印象。那不是简单的造型，而是有实有虚，实的部分就是那确实需要一个凹凸来完成空间的变化，虚构的部分则是一种造型，并没有真实的用处，结合在一起产生出的实用

图2-15 建筑立面

美感，那是建筑才能表达的思想，或只有建筑才能长久表达出一种实用中的可爱。

第十三节 欧式建筑外墙阳角

外墙阳角本是指建筑外墙向外凸出的墙角，与之相对应的是向内凹陷的墙角，称之为阴角。建筑物阳角上做装饰线条是一种欧式常见技法，其作用也分为防护型及装饰型两类，防护型多包裹严密，可以抵御外界对于凸出墙角的伤害。但是最初脚线的实际用途并非如此，欧洲早期民居多为石头砌筑，四角会用砌筑砖柱，同为构造柱的功能，前文已经有述。但随着建筑材料的演变，砖柱渐渐没有了实际用处，则进化为防护墙角的作用，如我在蒙古所记录的那些脚线（见《凡人间的建筑哲学》），可抵御风化，也可以避免冲击，毕竟墙角节点还是关键。再后来，钢筋混凝土盛行，脚线再没有了实际的用处，但却发现它同样是外立面的一道风景。如果说腰线是裙腰的示意，那么角线则是裙子的饰品，可以大大提高裙子本身的品位，这就是装饰型线条的用处。

如这摄于青岛的欧式民居（图2-16），不规律，砖型条纹，并很局部，本意想营造一种沧桑感，但时光又真地赋予了沧桑，让装饰历久后，趣味横生。

欧式阳角的线条目前仍是一种很主流的建筑技法，在国内的高层及多层建筑物中均有应用。多以成品出现，长短相互交错，但成固定规律，一直到顶，主要是为了方便施工，也是让小区整体立面统一。但如

图2-16 欧式建筑阳角

图这般随意没有特定的标准，则是仅限于民居，且主人必然个性，适用规模小的民居，建筑师可以按想法点缀，独立创意，不求规整，反倒是写意十足。

第十四节　风雨窗：我眼中的浪漫

大航海时代早期的欧洲建筑是以西班牙为主线的，这一方面是因为西班牙初期极为强大，又是地中海国家，在欧洲南部夏季比较炎热，冬季时常会有海洋性季节风雨，所以这种木质的外开式百叶窗就很有出现的必要。

木条向下，可以遮风挡雨，但不影响空气的流通，就导致这种样式的建筑出现。后来随着殖民地向世界扩展，那些海边的城市往往天气闷热，而木材也比较易得，木质百叶窗渐渐普及，留存至今也是普遍，所以当年大航海建筑所见之处很多。

这不是欧洲，图2-17摄于厦门。鼓浪屿是一座海港城市的边角，刻有着各个时代和各个国家的印记。我曾经对很多未解的文字十分好奇，所以这里的文化是多元且融汇的，且有一点更重要，那就是保护完好。

木质百叶窗，同样荒废不用，才可解剖它的模样。与北方的木窗略不同，台风不似北方那么温柔，所以需要额外加强固定，窗角的三角铁掌就是一种特殊的加固。木质百叶向下倾斜，可保护隐私，利用叶片的角度自然阻挡外界视线，但却不拒绝所有的采光，毕竟还是有着缝隙，总是可以洒下满地的斑斓，也是另外的一种自然赐予的心绪和感觉。同时角度也遮挡了外界的视线，再有多婀娜的影子也都不会显影到室外。另外这只是外窗，作用除了遮光也还可以挡雨，其内部可设计防护铁艺，生锈的铁栏杆，老旧但不屈。穿透的木质横梁同样少见，或是一种铁艺缺失下的偶然，或也是让铁艺不那么冰冷，外窗内窗间多了一种缓

图2-17 欧式风雨窗

冲和接触，但原因我确实不明，留下一个注脚的位置，待未来解释。铁艺这点与前文的大连老窗其实一致，之后则是内窗，多方格玻璃窗，并不太特殊，也为真正的遮风。

选中这一张照片，更多是看重沧桑后的那种倔强——不是指的窗户，而是与之相生相恋的藤蔓：有过去已经枯去的老藤，却并不愿走；也有今年又卷土重来的新藤，向着窗户，窗户也不拒绝。建筑的生命力从来都与建筑密不可分，像是一种默契，更像是一种约定。我每每路过上班路边的那棵百年老树，都觉得植物有生命、有情感、有承诺、但我很担心新建的道路最终会让它失去生命，因只有人类才会有言语上的承诺，然后又食言。所以很多时候我宁愿闭上眼睛静静感受每一个瞬间，那种宁静、那种存在、那种蔓延。这变化的世界中，游戏总会有终结，即便我是最佳玩家。所以对于建筑之美，我更多希望留存在那种触摸感；对于建筑之美，我更多体验那种宽容和相互理解；对于建筑之美，我更多在意曾经附带的无限故事。

　　阳台是楼房的独有部件，也是抽烟的独有场所。但有例外，记得儿时的家是平房，并不存在阳台，父亲却还是加建了一个入户门前的阳台，一方面是为隔绝寒冷，另外一方面……现在才隐隐觉出，想想其实还是多了些许父爱在内。父亲抽了几十年的烟，虽然无度，但却知道二手烟对孩子很不好，所以阳台是他抽烟的地方，冷清中度过了他的中年。我并不知道父爱是否有一种准确的表达方式，但很多年后，我能够想到阳台最早的用处却是如此。

　　除了我说的特例，阳台确实是楼房的产物，也就是海外舶来品的一种，是建筑的一种绝对功能场所。除了抽烟，还是老婆晾晒衣服的场所，娃儿放置玩具的场所，当然这都太生活庸俗化；阳台更该是一种情调，如果一个婀娜身形的展示，阳台则是一种不能再合适的舞台，总是可以撩动对面的男孩，情感的演绎，确是建筑上唯一的一处。

　　常见的形式是凸阳台，楼房存在钢筋楼板，于是可在楼板处向外伸出悬挑板及悬挑梁板。对比后文的中式阳台，显然该有钢筋由梁板支出，扇贝形支撑内部也该有玄机，暗藏三角形的托臂，只是利用了装饰，梁板结合起来，即为阳台的地面。再由各式各样的围板、围栏组成一个半室外空间，分为凸阳台及凹阳台两种。凸阳台就是只有一面或两面有墙体的情况，如厦门的这个阳台就是典型；而三面都有墙的凹阳台在盒子楼更为常见。

　　图片中是更加肆意的表达，摄于厦门鼓浪屿（图2-18），可看出来曾经的尊贵。室外的罗马挂件将这种尊贵表达得一览无遗。但也可以看出曾经的豪放，因为露天阳台不惧阳光，更只适合雨中观景，优雅中的

图2-18　欧式建筑阳台

肆意让我印象深刻。后来的改造更是豪爽多了些许市井的味道，内衣当街晾晒，让一个本来就优雅的半圆形阳台——经事多了的美人——终于变得落俗。但骨子里的那种高傲，透过那些俗事俗物终可觅得。

第十六节　建筑并无定式

图2-19摄于厦门，对于坐北朝南的传统建筑，这里刻意展示的则是一种民居中的突破和不羁。起初一眼看到会觉得很奇怪，刀一样的墙角却不是直角，这一点极少见到，这样的利用率太低，再一想却是因地制宜的一种实现。鼓浪屿上的房屋分布，最大的特点就是并不成排，依据

图2-19 独立式雨棚

地势如星点缀，随后形成街道，再后来的房屋依街道布置，如果空间不够那就变成了异形的造型，也就有这样依街而造的模样。

但这还不足以证明它的特殊，这个楼梯的形式更加少见和特别，见过外挑的屋檐，但确实没有见过外挑的楼梯顶棚，楼梯的顶棚与房屋顶一平，看似一平，但在天空分开，留下了一道很大的缝隙，或是伸缩的要求，但更是一种无意中的创意。

回想，建筑的设计哪里来的定式，当你觉得阳台的上方该加一个顶棚的时候，它偏偏来个暴露，但其实更加突出了美丽的半圆和铁艺的优雅；当你觉得室外楼梯并没有必要设置屋顶的时候，它偏偏加了一面"帽子"，但却让人不得不多看一眼，让人联想，让人猜测。这是建筑

师带给我的另类感受，突破现有，表达内心，这或是建筑的真实价值所在。

关于创造力，在给儿子的信中，我告诉他要保持棱角，不要轻易跟随潮流，因为你最大的价值就是你自己的不同，而非模仿别人。模仿别人终究是做得最好的那个自己，再努力也只是追随，而你终究也会是那个独一无二的自己。其实很难，自己都觉得生存需要遵守一定的规律，别人也在给我灌输这种思想，困难让我举步维艰，但我何尝不知道从众或是一条暂时可以活下去的道路。但冷静下来想想，存在的意义是什么？为了活着？还是为了实现自我价值？也许多数人会选择前面的答案，但我一个乞讨都干过的人，还有什么夹缝不能够去苟且呢？那点本来的真实和创造力，一直被生活软硬兼施着哄骗放弃，但没有了这点热量，我还有什么呢？坚持很难，需要勇气，但放下其实更需要勇气，那是一种背叛。

第十七节　骑楼之前：拱券式民居

骑楼在南方并不少见，尤其以福建广东更常见，骑楼在《消失的民居记忆》中有过介绍，这里再随意找一个对比，如上方第一张照片（图2-20），不算太典型，并非是造型不典型，而是出现在了内宅民居中。骑楼多数临街，商业氛围偏多，二层或有廊也或无廊，但一层廊道是必需的。与骑楼进行对比的则是上面的第二张照片（图2-21），这两张照片均摄于厦门，建筑形态接近，与骑楼对应的就是我们后面说的这个拱券式民居。

拱券式民居最典型的特点为有回廊环绕，这些建筑物大多是三层楼及以上的砖木混合结构。以券廊式为标志的欧式建筑，多为壁柱用砖砌成椭圆券或平券，其中平券就是骑楼的形态，券旁做柱礅，顶上立花篮

图2-20　骑楼式建筑

图2-21 拱券式民居

等装饰，是用砖砌及造型完成的另外一种罗马柱。前檐和左右两侧均置有宽广的内走廊，原意是使整个建筑显得庄重典雅，但引用在热带、亚热带区域，通风则是更加真实的用途和借鉴。

有人认为骑楼是希腊外廊式建筑的分支演绎，我觉得有可能，但是时间太过久远，且漂洋过海，不好说一定，我倒是认为它与拱券式民居更为同源。骑楼或只是后来的一种演绎，拱券门楼变为了平券门。建筑的过往来生不用太过于细查和纠结，其实文化的交融很难再让一种建筑形态有绝对的根系，很多时候你需要理解的只是建筑为何留存即可，因存在即为理由，留下的部分，一定有你需要理解和思考的内容。

第十八节　消失的关爱，消失的建筑

　　图2-22摄于重庆，肃重环境，配以微黄的灯光，留下的是时光印记。触摸着老式楼梯，沿路向下，出口已是当今时代，而我却迟迟不能跳出曾经氛围，是什么让我迷失时间，光线折射下恍然发现，对，那是磨得发光的木地板。

　　木地板引入中国的时间较早，可以追溯到明代，但真正在国内走入民居却并不久。鸦片战争后，清朝政府战败签订了丧权辱国的《南京条约》，其中就包括了五口通商，就是从南往北数的广州、厦门、福州、宁波、上海，允许英国人在这五个城市经商和居住。当然在此之后，也有类似日俄战争等不断出现的西方文化侵入，故而西方的建筑技法逐

图2-22　传统木地板

步在上层社会中流行开来，如这可见发光的木地板，同时进入了中国上层社会的居所，因为在此后很长的一段时间内，我们还是以砖铺地面为主。

但这已是真的久远，百年前的作品也是真的优质，时光可鉴。鉴别木地板不用我说大家也知道，如果不变形那就是真的好，即便优质也需要细心呵护，木地板对于温度、湿度、风化等要求都很严格，所以保存十分困难。从开着的门和满地的尘土可见条件之恶劣，但这木地板不易，居然不存在变形，只能说明这绝然是实木的木地板，而非挂羊头卖狗肉的复合板，前文已经说过复合板会起鼓变形，但我走在这上面，平稳安静，甚至有点慈祥的意味。

考验一个人、一件事，或是一段历史，能够经得起才是真优秀，如这木地板，比较初期的艳丽有些俗气了，开始的拙劣、平凡都是常见，但本质、内在这些东西才是比拼硬实力。越是慢慢被人接受的越是相对精彩的作品，挖掘内在的内容，越是需要时间。给生命一点宽容，因为我们的生命确实不够长，或许你一生都不能见到你想要的结果，但并不能否认它的价值。

作为作者，你如果真的用了心，作为爱人，如果真的用了心，作为音乐家，若真的用了心，表达的东西就有灵魂在内。灵魂与灵魂的匹配需要时间，灵魂与灵魂的共鸣需要在其之上更多的时间，如果你觉得生命对你不够公平，那只能说明你还需要等待。如果实在做不到也不必气馁，因为你完成了最好的过程，结果略微不那么走运，但有幸如此走一程，则是生命真实的意义所在。

第十九节 舶来品也会消失

舶来品也会消失，砖木结构的损坏多出于几种情况：火灾、地震、

人为破坏，这里展示的则是第一种，摄于大连（图2-23），"死因"：火灾。在我的书中对于火灾的描述并不少见，但砖木结构的解剖机会却并不多，这则是难得机会。

锐角三角形的屋架，同样由梁及檩条组成，黑漆的主檩条设于进深向两组侧墙之上，之下依次是侧檩条。与中国民居相似，就是角度偏小，与屋面的造型一致，有点哥特式的痕迹。梁在檩条下，两端同样固定两侧墙的尖顶之上，成为承载力量的主要构件，梁及檩条相互垂直、相互支撑，形成屋面。

有烧毁的部分，也有残存的部分，显露出了挂瓦板的存在，该是整齐划一的木质长条板，其上覆盖灰土层，固定上方瓦片，一个完成的屋面做法，清晰地留存下来，让人激动。

加上之前记述的侧墙的记录，欧式别墅的记录，该算是比较完整了，少了些许遗憾。那些建筑师的时光留存在里面，那些工匠的汗水也被显露出来，建筑的历史正在被一点点剥离出来。那是属于建筑的回忆，那是属于建筑的解剖，那是属于我自己的又一次记录。

第三章　海的女儿：

日照海草房

　　这是一段拼凑的回忆，因为海草房已经很少存在，至少我并没有见到，但作为一种记录，我不得不走。本在《消失的民居记忆》中就该有所记录，但实在腿下无力，累了；心中无力，倦了，才有了后来的焦虑症爆发。行走过很多破旧民居后才发现，发现自己挺厉害，因为直到如今才发现，越是破旧的老屋似乎阴气越重。我是唯物主义者，不相信牛鬼蛇神，但是老屋中弥漫的那种颓废、衰败、发霉、陈旧的气息，却是真真实实可以闻到，也影响着我的健康。后来的焦虑，或是一种气氛的堆叠、爆发，我才懂，这本书是有价值的，与一般的古建书并不同，它承载的不仅是建筑技艺，更是一种房屋中的怀念、悲凉、惨淡、逝去，这是它真实存在的价值，我忍着烫手忍着挣扎收录下来，让老屋不留遗憾。世间不能只是记录美好、美丽、高超、卓越，其实平凡、悲哀、真实、伤心也需要记录下来。那些情感故事，那些老屋的过往，谁不曾有过年轻，谁不曾是光芒万丈，但谁又不会变老。懂得残破，才是真的淡定，才是明了这生活到底何去何从。

　　威海、烟台、日照等山东沿海地区都曾有海草房的印记，是一种特色民居形态，也是会随着时代发展率先消失的建筑种类。行走的时间是2019年的7月，地点日照，但已经晚来了大约5年，人不能懒惰，如果10年前坚持一下，或就不留什么遗憾，生活不存在如果，收拾下那些灰烬和模仿，也总比唉声叹气要有价值。

　　每次的重新起步都觉得步履蹒跚，因为民居所剩无几，我也无心恋战，似乎本书只能作为一种补遗的形式出现。但火炬燃烧得强烈，即将湮灭，也还是希望能够把那剩余的星火完整记录，那是生命残存部分，但一样震撼，因为失去本身就是一种彻悟。

第一节　初识海草房

　　日照东夷小镇的一处饭馆的仿造屋顶（图3-1），海草确是真实无欺的，因为海草源自大海中的海苔之类的藻类生物，富含养分，干燥后则十分松软。如照片中的两处细节可以验证，所有的民居类型在屋面可以筑巢的可能只有松软的海草房了。每次台风都会有大量海草涌入胶州

图3-1　海草

湾，因为湿质，本身重量很大，体积反而小。一栋海草房需要几吨海草才可成形屋顶，需要暴晒，而非阴干，需要将其盐分炙干出来，而非抖落。最终成形的干草部分会变得极为松软，且海苔之类海草只要炙干，就不再容易浸水，雨水会顺草垫的包裹形态沿流线顺溜而下，层层如此，因为真实使用的屋顶会有40~50厘米之厚。面对柔软之力，雨水被层层接纳滞留，根本不能再有力浸透入屋内，且蓬松透气，又是隔声的佳材，这或是海草房能够被众多人深刻记忆之处。

炙出的盐质、矿物既增大了草间的摩擦力，也为屋面的鸟巢提供了天然的养分，每座海草房都是一座人与自然共生共长的平台，也为屋面的小草提供了生长的可能。与瓦松异曲同工，但生长的植物类型更为广泛，有种子飘落，有水分滞留，也有养分的富含，所以每一栋成熟的海草房都会有小草生长。

因为这种工艺本来就难，进入现代后，不仅近海渔业捕捞过度，海草也远不如曾经繁茂，收集几吨海草已是一件难事，更多变为了人工养殖。其用处非常有针对性，民房已经用不起如此奢侈的建筑材料，只能是新建的民宿才会舍得，这也更催化了这工艺在民居中的加速消失，在当前更显稀少，所以我的寻觅从一开始就增加了不明朗的预期。

第二节　白鹭湾的经典重现

摄于日照的白鹭湾（图3-2），也是一种翻建展示，是一种怀旧，顶部表达极为典型和真实，甚至有些演绎和发展的意味，因墙体和窗部均为了洋房的样子。但好在新增的部分并不重要，因为墙体、窗体这些旧的房屋构件在其他类型民居类型中十分普遍，可足以找到借鉴之处，所以记录这典型的海草房屋顶即可，也算是一种并不算太牵强的展示。

后文还有海草房的介绍，但决定海草房的品质却主要看海草顶的密

图3-2　海草房屋面做法

实程度及封边的手艺，这栋建筑恰恰算是完美。密实的海草房首先需要多层海草的压实，由檐部开始向上逐层铺垫。为了保证尖顶的外观一致，每隔10厘米做一退层，逐步向上增厚，同时也满足了受力点向上加大的现状。本来我好奇施工如何展开，毕竟底层较薄太过于柔软，没法站立。想了很久，查询资料时的一幅照片让我恍然大悟，与脚手架类似，设外搭棚架，施工者站在墙外的搭板，完成檐部的海草铺装，之后把梯子架在屋梁上向上攀爬，逐层完成海草的铺装。

　　海草层的厚度决定了海草房的质地，越是厚实的海草房可以保存的年代越是久远。不用解释，造价与使用年限总是成正比例，在建筑行业从无物美价廉之说，或是说极少。好的海草房甚至可以几代人上百年居住，这是与其造价可以匹配的，查阅资料每一层之间采用草绳进行固定，这里无法回溯，因为我所见到的情况似乎用不到。海草晾干后，会是一种既有摩擦力也有缠绕性的材质，两层间结合，是比油麻还不好分离的材料，施工者都不好撕拉分离，再去逐层固定，或有必要也或并不需要，这一点无图不能直接得出答案，但是可以更新建筑理念，换一种简单思路进行思考，利用自身的拉结形成整体性，或是可行。

海草房的收边工作同样重要，可以直接目测出海草房的品质，如照片所示，窗户侧及山墙侧像皮沙发收边一样，裹了起来。但其实并非如此，海草逐层压实，铺至侧墙边等边角处。由于海草的自然连续性，至边角无须截断，层层堆积则会鼓出来，每铺一层在边角处就会多出一些，一直到顶则会自然出现一种包裹门口、窗口、山墙的包裹感觉，同时也遮挡了山墙侧等缝隙处的风风雨雨。自然下垂后，因为材质的蓬松会变得很可爱，这栋建筑尤其典型，如同童话一般的样子，这或是海草房总是被人喜欢、留下诸多建筑记忆的真正原因。

第三节　生长在凹处的生命

前文已经说过海草房是种适合飞播小草的屋面形式，那里会容易生长植物，这里则着重示意一下，只是想说，容易生长的位置多为沟壑之处，这点也好理解，因为水流更多从此处经过，沟壑处多有滋润，多播种生命增加了机会，不多展开介绍。

关于生命与建筑的关联一直是本书的重点，每每看到倔强的生命，成长于一种倔强的建筑之上；看到可爱的生命，则是一种可爱的建筑；看到相互映衬的植物，则是一种建筑生命力的展示；而看到逝去在建筑中的植物，则是一种共生共死的悲壮。

如这小草（图3-3），其实不能知道未来能够生长几许，但很快乐，

图3-3 海草房交角细节

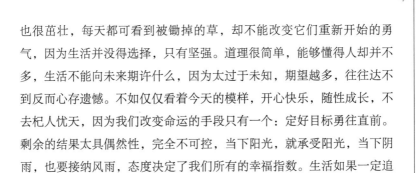

也很茁壮，每天都可看到被锄掉的草，却不能改变它们重新开始的勇气，因为生活并没得选择，只有坚强。道理很简单，能够懂得人却并不多，生活不能向未来期许什么，因为太过于未知，期望越多，往往达不到反而心存遗憾。不如仅仅看着今天的模样，开心快乐，随性成长，不去杞人忧天，因为我们改变命运的手段只有一个：定好目标勇往直前。剩余的结果太具偶然性，完全不可控，当下阳光，就承受阳光，当下阴雨，也要接纳风雨，态度决定了我们所有的幸福指数。生活如果一定追求一种答案，似乎意义十分有限，也不大可能有，偶有成功，也只是片段，甚至只是瞬间，转瞬即过，很多时候都留不下什么感觉。

而过程的美丽对比似乎就更有意义，那是有体量的部分，整个感受部分都存在其内，快乐也好，悲伤也好，有了记忆的载体，有了记忆的内存，就可以让悲欢形成一个故事、一幅影像、一段回忆。那则是生命真实的意义、厚度、平凡。

第四节　容易被人遗忘的故事

当我沿着海边一点一点寻觅之时，得出的结论前文已经说过，能够记得海草房的人很多，但是能够帮我找到一所的却并没有一个人。记忆这东西就是这样，总会让你深刻又模糊地保留一些事或人的印象，但却没有办法留存下来。随着老人的离去，所有的存在就变得模棱两可，最后变为传说，之后又变为杜撰，以另外的模样出来，其实就已经完成了遗失的全部过程。

图像资料不能代表完全的真实，但至少是眼见为实的其中一部分，这就是当下书籍的力量之处。回到古代，全靠绘画和文字的表达，固然好看，但不一定准确，而当下更像是一个现代与古代的交界点，一边是快速发展，一边是快速消失，但还好，总会有些建筑还能够看到遗迹，有些记忆还可以被照片准确述说，是这个时间段最神奇之处。随着之前十年中的行走，再看当下还剩些什么，可能真是已经消失，我追不上，也不追，但总可以把遍地的鸡毛整整，遥想下鸡的样子。

如这电影拍摄时留下的海草道具房（图3-4），并不一定是真实的居住情况。与之前的典型屋顶内容不同，这部分则可以展示实际的海草房全貌是怎样。海草房的整体结构与山东的石砌房屋相似，越是靠近山区，石头房部分占比越多，越是靠近城市，则砖头房的部分则越多。所以，也有如照片中的海草房其实适用在靠近城市的区域，但放在海边应该只是剧情的需要，剧情已然结束很久，看起来房屋已经被人遗忘很久，本来就是个摆设，不住人，如今这么看，更是只可远观不可近处揣摩。

但可以比较明显展示出来海草房最常见的实际样貌，石板砌筑的基础或高或低，一般多如图一样，会是一米左右。山区是纯石头砌筑的民

图3-4　海草房的整体外观

房，故说其为基础也可，如果说是半截山墙也不奇怪，界限并不分明但构造典型，上方的砖砌结构后文会有断面的详细介绍，这里不展开。

渔网是这里的重点，虽然是临时性的房屋，但渔网对于海草固定的表达却十分准确。或许这种渔网是刻意而为的，因为网格尺寸实在是大，如果真是捕鱼用，确实有点夸张，但单纯从材质角度，并不存在问题。用来覆盖海草的渔网网格尺寸确实不能太小，毕竟海草前文已经所述，自己多纠缠在一起，缠绕成一团，局部的缠连撕拽都费力，但屋面的整体性稳定性则仍确需考虑，所以大孔渔网的出现就显得十分合理，功能性单一，只需要对屋盖整体与椽檩有一个头套式固定即可，就如图示。渔网对于海草的束缚简单许多，就是在屋檐脚等把网格系上一个结，就把渔网整个套在了海草房顶上即可。太密集的意义并不大，性价比也并不高，故更多见的是这种网格形式。

第五节　海草房的院落猜想

这是影视拍摄场景，所以很多东西并不敢考证，眼前的样子是不是一定正确也确实不好定论。不规则的围墙形式同样少见，故拿来介绍一下（图3-5），不管是导演的意图，还是原景的复原，都觉得门与墙的搭配可爱许多。墙体并不高，我自己都一跃而入，这么气派的大门意义就打折许多，因围墙并无用，或邻里之间并不需要遮掩，这一点才是我真正感兴趣的，人与人的简单淳朴在邻里间关系上最为直接与典型。儿时老屋其实与隔壁间墙也就是一米八左右的高度，可以遮住视线，又其实是一览无余，邻居家借个油盐酱醋很常见。物质并不丰富的那个时段，人与人之间的关系是密切且简单的，"远亲不如近邻"这句歇后语，是当下人确实难于理解的。这种变化似乎从开始有了楼房之后逐步发生了变化，即便我家仍然是平房。搬迁离开家属大院后，新的邻居比较杂

图3-5　海草房院落示意

　　乱，那时候已经是20世纪90年代末，没有了大院文化的支撑，新的娱乐
手段的不断加入，都让大家之间很难重新建立感情，也就走得很远，不
再存在之前邻里之间的那种互助和融洽，常常为了一匹墙的距离大动干
戈。邻里矛盾之后，跨入了新千年，又变成入住楼房后的老死不相往
来，甚至都不知道隔壁是谁，或又换成了谁。生活就这么在改变，那时
候的我决然想不到今天的样子，霓虹泛滥，而我的儿子也居然不知道曾
经的世界是那个样子，是漫天透彻，流星不停闪现，是可以奔跑没有障
碍，是可以欢呼，友情简单到可以被保存。这可能不仅仅是代沟，而该
被称之为时代的巨变，这几十年间演绎了过去几个世纪都不曾能够达到
的变化。

所以居住建筑的最大变化可能就是由开放性慢慢转变为私密性，或是大家之间没有了安全感，或是听过了太多的道听途说，或是真的隐私变多了，或是你贫我富了，或是不需要再有沟通，或也不需要再简单。建筑本身并没有错，错的或是我们对于建筑的理解，所以当在看到开放式的建筑风格时候，当下人会觉得这是一种建筑勇气，而对我这种经历过那老房子的人来说，反倒只是一种建筑反省。

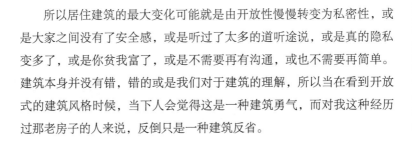

第六节　拆解临时墙体

作为临时建筑的房屋，本不该过多记述，但总是有些片段能够留给人颇深的印象，如这墙面（图3-6）。其实真实的墙体构造，麻刀灰之上并不会再有薄薄的一层砂浆层，前书已经有了记录，麻刀灰的墙面就算是常见的墙面一般也会更厚，也会与内部的土砖更加密实地连接起来，如果虚假，则麻刀灰也变得刻薄，即便是增加了砂浆层的外皮，也经不住时光的衰败。如同浓妆艳抹的女子，即便有厚厚的粉底也藏不住内心的薄情，稍微给一点时光的考验就本色毕现，但却给了我一种别样的视觉冲突，仍有留恋。

这栋海草样品房采用了相对细孔的渔网固定海草的屋顶，绿色倒是渔网最常规颜色或更常见，侧墙檩条虽粗糙却清晰可见，其上并非直接搭盖海草，而是秸秆帘为过渡层。秸秆帘与椽檩的组合是中国式民居最常见的配合方式，但更为粗糙的是其上遮覆的油毡，这种建材常见于过去的四十年中，用于北方屋面的防水。

油毡破损是漏雨的主因，儿时漏雨后，我常需要上顶去查看，毕竟父亲体重大，孩子灵活还轻盈。其实儿时所有的工作基本都是玩耍，也不懂为啥父亲要让我登高，也看不出我所做工作的效果，可能就是培养我的胆量吧，或也是让我站在屋顶看得更远，让人看尽世界的那种感

图3-6　海草房墙体分解

觉。不知觉中离开了那生我养我的老屋，很快步入中年，很快父母老去，很多的感慨却不好言表，那是一种对过往快乐细沙般的感受，看在眼里却抓不住。直到楼房的出现，油毡变为了复合型的防水卷材，与普通人家也不再关联，也算是一种快速出现又快速消失的建筑材料。

　　油毡之上才是海草，这其中的顺序已记录在脱落的影像中。椽檩之上设置的秸秆帘为之增加摩擦力，同时也为保温层之一。在屋瓦的结构中则更重于保温，秸秆层之上的油毡则是防水层，是近代才有的产物，透气性并不佳，但确实解决了漏水的问题，一度主宰了几十年。油毡之上才为海草，海草之上用渔网收口固定，一个剖面也算完整。

　　只是"假发"太过于稀少，时光一久，就开始散乱和脱落，露出了屋顶的油毡，如同头皮一般。还是很可惜不能看到最原汁原味的海草房，对于一个追求完美的人来说这是遗憾的。但同样因为失去太快，让我觉出了书写这本书的意义所在，记录的时点其实是恰到好处的，晚一点都不会再有那么多价值的记录。快速发展的另外一方面就是快速消失，相辅相成，无法避免。存在感于我身上，偶有展露。

第七节　红砖与青砖的分界

引用这么一张图（图3-7），是因为典型，在一个界面中有石头也有土坯，其分界线则是青砖，这样的案例或只能出现在民居中，这也是民居怎样写也涵盖不全的原因，让人着迷也让人越陷越深。石头沉重、冰冷，为基础合理，土坯的温和、简单为墙体也合理，但作为纽带的那一排砖，让两种天生性格迥异的材质联结在一起。这一点让我想到的东西甚多，不只是建筑，也有社会、家庭，甚至是国际关系等。性格的差异我们无法回避，但中间性格的纽带却可以化解这种冲突，值得思考。

其实对我这一个外行来说，鉴别新房和老房的最直接的角度就是砖，如是青砖则可以说至少是70年以前的房屋，因为红砖诞生很早，解放以后出现了机械化砖窑，才有红砖的大量生产，并迅速替代了青砖，成为绝对的主材。两种砖头的差别其实是极大的，首先从材料而言，红砖的材料主要是黏土、页岩、煤矸石，将这些材料粉碎并进行人工混合后，用磨具塑形为砖头的形状，最后再在高温下烧灼，900℃后自然冷却，方能完成红砖的制造。其中的矿物质会因氧化而发红，所以成为红砖。而青砖的材料是以黏土为主，加水用磨具塑形为砖头形状，所以青砖的材料更加单一。同样是经过高温烧灼之后，不同的是温度要到1000℃左右，直接用水冷却，如同淬火的流程，而不参与氧化，所以其抗氧化性更好、更密实、偏沉、也更耐用。但出现在现代砖窑盛行之

图3-7　石砖结构细节

前，因工艺相对复杂，产量偏低，所以从成本的角度来说，大家自然会选择性价比更合理的红砖。但岂不知实际寿命上来看，差别不是一二百年的差距，因为多数的青砖房屋保存几百年都看不出磨损，但红砖民房几十年间就已有些衰败。儿时红砖角一碰就碎的记忆，我仍十分深刻。

在一栋民居中会出现红砖和青砖交错砌筑情况并不多见（图3-8），拿来记述，正好对比。能够解释的有两种可能：一是青砖是拆除老房时拆下来的产物，这一点在我儿时很常见。那时候拆倒房子，大家第一件事就是寻找那些还可以二次利用的砖块，我也会拿着柴刀，把保存完好的砖头上的干泥巴敲掉，垛在一起，这些二次利用的青砖或可盖出图中样子的民房。但这种可能性并不算大，因为这是石头、青砖、红砖、土坯合成的老房，是种极少见的多建筑材料应用在同一房屋的案例，如果真有这么复杂的必要性，那就不如直接采用土坯至顶了。所以第二种可能性要大得多，那就是这是一栋很老的房子，在漫长的时光浸泡中，墙

图3-8 红砖青砖混搭

体并无大碍，而顶部在反复的补漏之后，失去了意义，只能翻盖屋顶。所以最近一次屋顶重修时，已经有了红砖，但同时也没有浪费拆下来的青砖、出现了一层平铺青砖、一层斜角红砖、再一层平铺青砖的房檐做法，只是修整后又过了很久，大家又都变得一样陈旧，落上了历史的尘埃。

窗的构成，这里也是一提，中式窗边框做法都相似，窗或门框上设置过梁，过梁是砌体结构中的重点局部构件，也是使用在房屋墙体门窗洞上最常用的构件。从古老的民居到现在的钢筋混凝土结构都一样，其用处如图中一样清晰，就是横亘于门或窗洞之上，用来承受窗或门洞口上方砌体的自重，也有部分上层楼板传来的荷载，并将这些荷载形成的剪力分担传递给洞口的两边的墙或柱，维持结构稳定。由于过梁两侧会探出部分，所以探出部分下方的墙体与其他墙体会明显沉降不同，多会出现裂缝，当然也不会影响使用，应是工程中常见的问题。

第八节　中国古民居的勾缝技艺

如果说灰砖与土砖砌体结构中的最大差别，那就是土砖不存在勾缝，而青砖会有勾缝处理。土砖或是夯实，或是砌筑，其勾缝处理并不明显，因为灰与土砖为同种材质，而外层多覆盖麻刀灰单独抹灰墙面，如不挂灰则风化太快，故没有必要再进行勾缝，后文还会有介绍。

而砖缝则比较有讲究，同样是因为没有了墙皮层，则砖与砖之间的灰层成了薄弱点，容易被破坏，勾缝的工艺则变得十分必要。砌体勾缝的意义：一是为了外观整洁，二是能保证砂浆的水分流失，可以让砂浆在含水的状态下慢慢完成凝固，这样如同混凝土的养护24小时是一个意思，使砂浆的强度达到预期，同时也使墙体的灰缝齐整好看。勾缝是砌砖的最后一道工序，青砖、红砖在砌体完成后多采用水泥砂浆勾缝，如

图3-9所示，则可看出勾缝曾经至少有过两次，原始的或是前次勾缝采用的是白灰水泥砂浆。而在风化跌落之后又弥补了一次细砂水泥砂浆，则颜色可见加深了许多。两次勾缝诠释了两种最常见的材质，也是跨越时间的交代，损毁总是让我看到原因。

内墙面一般根据墙砖的颜色来定勾缝砂浆的类型，其实这在装修中屡见不鲜，卫生间瓷砖的勾缝就是如此。而在外墙上，从青砖开始，穿越时代，一直留存过来的都是白灰水泥，让这种颜色成为最普遍。而用砂浆水泥勾缝则更多见于红砖的砌体，颜色对比度偏低，成本也要偏低，水墨山水的黑白分界也不那么明晰，缺少了一种性格，让勾缝变得不为人所注意。

图3-9　青砖勾缝

第九节　石梁的门头，肩起的使命

极少见的门梁工艺（图3-10、图3-11），即便是放眼城市中的那些豪门大院，也绝然少见如此之长的石头梁横架而过，遂拿来记录，可能只能出现在山东石头与砖木结构的混搭之中，只能出现在石材十分丰富的地区，但恰恰这里得以实现。

如果普通木料的承载力有限，不能挑檐太长，那么这两米多长的石头梁，完全解决了挑檐的长度限制。如果不是一旁废弃的石头梁，还真不好解释如何固定木与砖，"个"字的木梁是如何固定在石头梁中，木头可采用榫卯，木头和石头之间其实亦可以。以前在石头的石臼基础与木质的柱相互固定，在厅堂的立柱中有所见到，那个好理解得多，只是一种固定和承载的功能。花岗石石梁的质量则要重了太多，承载其的只是砖柱，其实我认为这种受力并没有计算，但青砖的耐压程度却有了最好的示范案例。

加入石梁最直接的影响是让门头的受力发生了巨大的变化，常见的檐上栏板都显得并没有那么大的必要，所以院门的侧方及上方全成为镂空，"个"字木梁入位之后，"个"字的木梁支撑了门头的檩条，之上同为秸秆帘，再上挂灰上瓦，至屋脊，上脊瓦，与屋面的做法一致。

这个门头最为诡异之处，确实是因为石梁的加入，使大门与门檐完全变为了两组不同的受力系统，且相互垂直。墙体及门侧为水平受力，经过石梁的转换，到了门檐部分反而变为垂直受力，两部分各自固定且内部受力。说不上好，因为建筑材料之间的荷载差别太大，自重的差别同样太大，并不算一种合理的匹配，如石头材料多与石头材料一体，砖木则是砖木，纯木也是一样。故如果说这是一种建筑的实验，我觉得确实可行，但用于建筑实践还是比较大胆的。但正是因为这种尝试，验证了青砖的荷载之大，居然可以扛起花岗石的石条，另外也验证了砖、木、石混搭结构的可行性。

图3-10 石梁门头

图3-11　门头石梁

　　这种尝试着实是本着因地制宜，就地取材而来，也无可以大说特说之处，但如此的尝试以及这个如此的跨度，还是给我留下了极为深刻的印象。无知者无畏，作为有知者最大的问题就是没有意识去冲破定式的思维或是书本的理论。这一点上无知者反倒占了优势，无知者没有条框的制约，可以开拓一门全新的理论；有知者则多是对原有体系的完善，却很难另辟蹊径。也算是各有利弊，并无对错，但那种创造力确实和教育并无太大关联，更是游戏和实践中造就的能力，这也是教育与野蛮生长的差别之处。

第十节 婆娑的时光，婆娑的模样

这里的照片记录了两种不同形态的土墙（图3-12），看得很明确，说明了土质墙体的两种形式，一种是筑土夯实，另外一种是土砖砌筑。虽然在《消失的民居记忆》书中已经有了足够多的介绍和推断，但这里仍然足够惊讶。在同一面墙体上进行对比，一览无余的差别，一眼可见的原因，惊讶于时光的痕迹把它们本身的样子变得如此婆娑。

夯土层在墙体的下半段。夯土层夯密实，故更适用于房屋的下层墙体。风雨侵蚀过后，夯土分层的薄弱处会慢慢显露，如水波浪状。波纹的浅处恰是夯实层的分界线，前书有述，该也有一定的分层加筋，只是这里尚不可确认，或也真的不存在。

而土砖则是在檐角的高度开始砌筑，由于夯土砌筑在高处不宜完

图3-12 土砖与夯土的示意

成，且有了退台的出现，不易那么密实，加之相对并没有太大的荷载要求，所以土砖用在上部其实合理。这样去解释这面墙的分层出处也算合理，当然经济决定了材质，这才是问题的根本。

作为民居，其实真实的建筑意义每一栋都相同，相同的是父母为了承载这家庭所做出的最大的努力，所以好坏、贵贱其实都是最努力的结果；但建筑价值却又是每一栋都不同，没有完全一样的经济状态，也没有相同的家庭，所以建筑的形态又都蕴含了房子自身的特点，你不仔细看还真的难以识别其中的特别之处，或只是屋主人才可明了的内在秘密。

都是土质墙体，但是山东海边与其他地方的又有不同之处，砂土比例并不一样。我走过的南方北方，只要不是海边，黏土都是绝对材质，最多加些稻草秸秆，形成麻刀灰的土砖块。这里则是就地取材，有的是海砂，所以加入细砂则是一种天然的馈赠，与石材一样，丰富且适用于建筑。

无论夯土还是土砖风化后，显露出细砂颗粒才有摩擦感，砂土的结合体并不多见，没有白灰，其强度并没有大幅的加强。但并不是没有用处，砂子本身的密度要比黏土大，砂子和黏土搭在一起会更有质感，可以对比耐火砖的材质，那就是加入了不同矿砂，可知砂土砖的耐火性至少比土砖要强，质量也会更重，对于房屋的整体稳定性而言，自然会相对更好。

折断（图3-13）在土质墙体结构的薄弱处，《消失的民居记忆》书中曾经介绍过土砖的常开裂点，前文又提及"包心砌法"，这夯土类建筑薄弱点相似，仍是墙角没有拉结。现代建筑中会有插筋，如构造柱，在老式民房中，则只能靠石头或是青砖砌筑的屋脚柱来固定墙支。但如果这个费用也没有，可能就是图中的土砖柱，甚至都没有砖体顺丁模数之间的拉结，在两面墙体发生被地质扰动的时候，会裂缝，并逐年加大，直至影响到屋面的稳定性，最后成为危房。

消失的民居记忆Ⅱ

106

图3-13　土坯结构的薄弱点

第十一节　弄不懂的烟囱

　　烟囱是民居的重点，各地不同。南方式前文有述，北方则多是这种下半段砖砌筑，多矩形，上半截则采用成品烟囱圆管道，烟囱根部采用白灰水泥密封防水（图3-14）。但为何下面粗而上面狭小，有人解释是烟囱直径由下到上逐渐缩小目的是增加烟气流速从而增加烟囱抽力，保持炉膛负压。这个比较好理解，就是空洞越小，形成的局部气流越大。

　　所以就有了我一直不解的另外一点，那就是烟囱顶上为何有时还会加一块砖或是瓦，这是个谜一样让我费解。其实在儿时，对此就有自己的看法，认为是担心有异物落入，阻挡了烟气的排出。因为类似的坏事我自己干过，那是在母亲的家乡，平层的土房，屋顶在孩子面前如履平地，快乐的时间总是很短，但是留下的回忆却那么深刻。我总是带着好奇玩耍，把向日葵的花柄扔到烟囱里，觉得是植物，并不会堵塞，或看看效果。恶作剧在孩子面前，是可以被原谅和同情的。炊烟流通不畅会呛到做饭的人，的确是想看恶作剧的效果，想想自己真的挺坏，但原谅一个儿童吧。

　　当然这肯定不是原因，因为一块瓦片必定遮挡不住孩子的好奇，这瓦片定有其他的用处。后来与村民沟通后，对方很确定地告诉我，是为了缩小面积增加流速，才会用瓦堵住一部分。但不同的一点是，作为活动的砖瓦，尤其是瓦片，其根据冬夏风向不同可调整位置及角度，可背着风的方向，让烟顺风而非逆风呛烟。

　　其实在儿时烤红薯时就懂顺风去鼓风，借风势，要是逆风，则会呛得难受，咳嗽还满脸烟尘，道理都是相同的。只是这一块瓦的秘密，仍然需要在我步入中年之后才明了。人生走到这里才有了些许体会，逆着规律生活是何此辛苦，自然界给我规律，我用了很久才懂其真实。我生性孤僻，一直认为自己坚持的必然是正确，这一点上时至今日也并没有变化，现实中的我还是屡屡收到排挤和打击，我改变的只是不再去争

图3-14　烟囱顶上的瓦

吵、争论、解释等别人眼中的手段，省省力气。因为如果在一种潮流之下，我的逆势，必然只能遭受打击，而非逆转。外边的圆可以理解为我认怂，但内心的方则确实可以坚持，需要避免不必要的打击，尽量保存实力。人生是慢跑，该有的棱角藏起来，那种个性其实更有价值。等待风向的转变，方向对，风向则也一定是正确的。不争一时成败，是建筑给我的人性启发，按风势生活，则为烟囱上的瓦片构造的建筑启发。

第十二节　砖土混合的角柱构造

前文已经对土质墙体结构有了介绍，也说明了土砖或是土坯结构的薄弱性就在角端，所以加入砖柱十分必要（图3-15）。砖砌的角柱，首先需要承受竖向荷载，屋面的受力点最主要集中在房屋四角支撑屋架的

图3-15　砖土混合的角柱构造

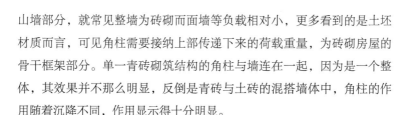

山墙部分，就常见整墙为砖砌而面墙等负载相对小，更多看到的是土坯材质而言，可见角柱需要接纳上部传递下来的荷载重量，为砖砌房屋的骨干框架部分。单一青砖砌筑结构的角柱与墙连在一起，因为是一个整体，其效果并不那么明显，反倒是青砖与土砖的混搭墙体中，角柱的作用随着沉降不同，作用显示得十分明显。

土墙是墙的主要部分，在青砖砌的框架中填充，它只是承受着面墙框架内的自身荷载。所以当有水平荷载时，如风或是地震类的水平扰动，墙面会产生拉动的效果。而此时在墙的两端如设置了角柱或端柱，则会有效保证墙体在遇到不太强烈的水平作用时，维持稳定不会开裂或被压碎，如地震等。或也可以说是在设计范围内起到构造加强作用，来约束土坯墙。当然土砖、土坯也会有类似效果，但是从砖块能够承受力的强度来看则差了很多，也更容易腐蚀破败，这也就是同样的民居可能同时建造，但多年后观感和寿命差别却很大的缘由。

这种建筑体系依然是一种由经济基础决定的建筑形态和方式。但站在如今，感觉不到那时的纠结与挣扎，但我还是可以理解，毕竟自己也曾经历过不富裕的年月，感恩当下的和平和繁荣。

长大后会感悟更多一些，有时候常常在奔跑努力之后会觉得无力和无奈，自己怎么也无法成为角柱一般的栋梁之材。更多的人如我一般，只是那填充的土坯，时常会觉得失落。但人过40岁，经历了那么多，才觉得平凡的伟大之处。作用或大或小，却都是社会中不可缺失的那一部分，知足常乐，并不虚言。哪怕只是一颗小的螺钉，只要你仍在努力，就没有辜负生命赋予你的初心，那么你就是平凡中的伟大，而不是平庸中的乏味。

但不得不说土砖与青砖是并不匹配的建筑搭配，所以站在长远来看，大的结构问题虽不会出现，但因为材质本身的自重不同，会出现不同的沉降现象，这是混搭最大的问题。前文过梁中已经有过介绍，只是图中的缝隙十分明显，更为直接。建筑材料之间适合与搭配是个大学问，砖可与木搭配，砖可与石匹配，但是石头却不大适合与木头组合，因为石头太沉重，木头的承载能力又太有限。反之青砖与土砖其实也并不匹配，只是填充尚好，仍易出现沉降的裂缝。

职业也好，婚姻也好，并不是因为你是钢铁材质，就一定匹配自己的工作、伴侣。生活与建筑一样，往往都是需要适合，工作中你是螺钉，就尽量做好螺钉的用途；婚姻中则最好相互补充，你不擅长家长里短，就要有互补的另外一半给你平趟生活中的是是非非；如果遇到材质之间的不可弥合，那一定不是可去克服的困难，需要尽早觉悟，不能执拗。需要明确的是如何分辨是否应该坚持，那是需要先了解自己，尤其是了解自己的"材质"，这一点很重要，当然也需要时间。

第十三节　秸秆帘最后的防线

当秸秆帘的破损成为现实（图3-16），那么也证明着这老屋的宿命将至，光线透过屋顶的破洞倾泻而下，所有的抵抗到此为止，这是人走楼空的模样。正常的居室，只有人居住才会对秸秆帘的保护十分细致，因如果有屋瓦破损就会漏雨，修补屋瓦则会保护其下秸秆帘的完好，所以只有屋面已经彻底放弃，才会出现秸秆帘的损坏，这仍需要一定时间去发展，但却是损坏不可逆转的证明。

秸秆帘在各地的材质差别很大，中原地区常见是高粱秸秆，再往南更多是芦苇秆，再往北则有藤条帘。过去的时间并不久，但却是失传很久的样子。在我儿时其俗称人人知晓，今天却已经完全记不起来，问父亲也是说我不知所云。只是记得藤条帘是硬质的，与竹篓的编制工艺接近，但比较粗糙，从材质到手艺都是如此。竖向的藤条每隔一段距离都会横向穿插一根藤条来拉结固定，成形后更像是藤甲。如图3-16所示的高粱秸秆则相对较软，不好采用编织工艺，则可采用每隔一段距离横向

图3-16　秸秆帘的破损

捆绑扎，同样进行固定，成形后更像是草垫。

　　熏得发黑的秸秆帘（图3-17）才是让我深深感动之处：人过40岁才发现，世间生活痕迹消失得那么快，并不是我老得快，是真的发展快。如今城里再恶劣的生活状态，却又有几人屋顶发黑。但如果退回到40年前，又有几人家里的屋顶不是熏得发黑呢。与《消失的民居记忆》书中记述一致，那些很重的油污并不易燃，反倒耐火。一种反常识的合理结果，也并不因生活简陋而变得乏味，只是能让我们觉出儿时浓重的生活气息，简单中充实。反倒是今天的我们一身疲惫，整洁的房屋里，却是孤单的你我。是时光雕刻了你，还是拥有雕刻了你，为何让你的心变得镂空、变得脆弱。璞玉的原石又何尝不好，有得有失，雕琢后再想平淡，却是越行越远。

图3-17　熏黑的秸秆帘

第十四节　裱顶棚的最后印记

裱糊顶棚，是我这代人儿时记忆犹新的一种手艺活，有着极其悠久的历史。难以考究出处，但最早该出于宫廷，之后渐渐传入民间。在民间的应用也是多样，有些地区可做彩顶，就是有裱有图案的彩纸，如藻井纹饰一般，只是相对立体感差些，而更多的情况则是麻纸裱出来的白顶。在没有PVC吊顶的年月，是解决夏天隔热、冬天保暖的有效办法，当然美观也是重点。

裱屋顶的工艺拆解如图可见，是由线绳或铁丝组成龙骨架。与现在的吊顶不同，并不需要吊杆，因这样的龙骨很轻，而裱在上面的报纸和麻纸也相对较轻，所以仅依靠线绳或是铁丝用铁钉固定在房间四周即可。横纵之间的绳索相互羁绊成网格状，依靠整体的组合达到最佳的受力。而网格的尺寸则一般视顶棚面积大小而定，自然是越大需要的网格尺寸越密集，完整扎好的龙骨其坚固程度比预想的强大，我记忆中的屋顶铁皮烟筒、灯管灯架等都需要固定在这种龙骨的下端，估计承受一个几岁孩子的摆动惯量还是没有问题。

龙骨架下面仍然还有零落飘着的麻纸，飘来飘去，证明着过去，而细绳线上也还可见屋棚纸飞灭后的纸屑毛刺残存。真实讲究的工艺还是在于裱，裱顶棚并不只是一层，而是反复多次裱纸，底层都是报纸，是那时代废旧报纸最多的用处，只有最下面一层或是两层才使用纯色的麻纸。顶棚并非一次裱完使用终生，而是需要根据损坏程度每隔几年进行修补重整。我仍可记得每年裱顶棚的浆糊滴落，掉在身上，似故意，却深刻，而用面粉熬制浆糊的过程，这里不多述。

师傅需要使用报纸和刷子粘上浆糊，反过来用笤帚顶着，往上一顶，就粘在了绳网的龙骨上，再用笤帚来回捋几遍，就很结实地与先前的报纸固定在一个平面上，逐层按顺序来回增裱报纸。浆糊在风干之后又变得很硬，所以最终裱麻纸层的时候，已经形成了一个坚硬且坚固的吊顶层，且比较沉重，有了吊顶的质感，虽然仍然还只是纸。

记忆中的师傅都是游刃有余，但浆糊是满地飞，而我还是要顶个锅给师傅打小工。工匠的水平来自于裱的力度和熟练程度，要恰到好处，因为有孔洞，用的力度不能太大，裱的力气太大，纸就直接捅进网格里，太轻则挂不住，一层一层太重之后，整体容易坠落。且在不实用水平仪的情况下，还需要裱的水平，同样需要师傅有好眼力，也是一种经验的积累，所以曾经的曾经，这绝对是一项技术活。

现在想想，那些师傅都哪里去了，不得而知，而这项技艺是否已经失传却只是时间的问题，多少有点唏嘘。坚持一种非物质遗产其实是有难度的，因为太多的技艺已经没有生存的土壤，逐渐消失在现代的生活中，所能做的唯有记录。各种载体，文字或还是最有温度的，不够详细，但多少承载着一代人的记忆，回看或是再读，也算是一种固化的感受，不代表天长地久，但确实代表着曾经拥有。

第十五节　土灶的剖面遗存

小时候总会想起拉风箱给灶台鼓风，最初觉得有意思，如同玩具，又总是拉一会就累，遂逃跑之。离最后一次见到风箱已经不知觉过了30年，而这无意中看到的土灶断面（图3-18），让我回溯起那些关于火灶和火炕的往事。

图3-18　土灶的剖面

北方的火炕与火灶的内构造材料是相同的，多如图所示的大块土坯砖，与用于墙体砌筑的砖不同，其往往更大，承重并不是其最主要的作用。因火炕多高600~800毫米，火炕多两匹砖立放，就着土炕的高度而定，而土灶同是几匹砖的高度，却会如图出现立放与横放同时出现的情况。

砌筑会按烟路围成S形的巷道，一端是灶口，另外一端是烟囱，内部的风行距离有了很大的差别，同前文对于烟囱的介绍。如仅是做饭的灶就比较简单，距离较短，如图猜想可能左边就是一个炉灶，右边则是另外一个炉灶，符合常规的做饭要求。也可以推测左边是炉灶，右边则是火炕的巷道，巷道的长度如拉直可不短，则对于风速要求更大，不能内部堵塞，烟囱也要相对更高，已然毁坏不好猜测，仅做静态表述。

虽然图中有灶与炕设于一起的真实案例，其间设了一段矮墙，遮挡了部分的烟火色，也为此留下了痕迹。但我而言，似乎记忆中更多是灶与火炕分别在两个房间内，外面的是厨房，也做饭厅，里面的是卧室，两房中间是一堵墙，这样自然更加合理，因为有煤作为燃料就有可能一氧化碳中毒，卧室与炉灶尽量分开还是合理科学的。

长大后也还回去过平房的家，再睡火炕居然不能承受，十分上火，只能搬了折叠床睡在厅内，是什么改变了我对于火炕的耐受能力？回头仔细想，是因为我很小就一个人睡床了，但不懂为什么那么早。似乎熟悉于火炕，但陌生于感觉，现在慢慢才理解。许多小孩可能会尿床，是因为炕板太热而身体处于太过温暖的温度则会营造尿床的环境。想到这里心里一暖，父母让我很小就睡床，可能是知道我睡不了热炕，所以才换了单人床。当然这一点我也颇为自豪，从四五岁我就开始了独立的生活，一直到现在，可能孤独于我而言本身就是一种特质，冷酷也是我内在的温度。

但火炕、火灶对于比我年龄更大的人来说或真是一种不可遗忘的生活，这承载了他们的成长和习惯。多数人平淡且接纳温暖，我则喜欢在冷风中前行，直至膝盖早早毁掉。

　　一个姑娘曾与我说，曾经的这些窗总是留在记忆中。天黑了会有星光，下雨了会慢慢汇流，打雷时是怪物的眼睛，但却常常让她怀有希望，因为那是父母归家的路，白搪瓷的灯盘会映衬在窗上，一闪一闪，虽害怕，但远处传来脚步声，会温暖；那是内心渴望求知的窗口，总好奇电线上陶瓷绝缘子是做什么用，为什么那么突兀，又那么洁白。

　　慢慢就这样长大，走过一城又一城，不敢回望，也不堪回首，怕失去又怕想起，想起的是美好，无法遗忘的又是伤痕，再次路过才发现，儿时不能释怀的，已经都烙印在这些窗户上。

　　他们的安静却没有一点变化，静静地看着她，似说：孩子，你是否还有疑惑，你是否还会害怕，你是否已经长大，你是否归来仍是少年。其实我一直都没有告诉你，我透过的世界真实无欺，我透过的世界温馨无忌，我透过的世界已然保护了你，我透过的世界已然变化。还好，你并没有变化。拥有乡愁的孩子内心总是温暖，那是那个清脆的孩子，不仅是脆，也是清澈。

　　窗的式样在这里却是多种，但都是那么经典，拱形的窗是民居中的美学（图3-19），简单却动人。不再是简单过梁，用了砖围砌成钝角形砖拱，受力分担至插入墙内的短过梁墙砖。拱形窗的造型其实并不算少见，所以建筑师同样采用了填眉法，《消失的民居记忆》中的地砖装饰及脊檐上都有采用。筒瓦的使用，在中国是真实表达阴柔一面的素材，如果说片瓦能够遮挡雨水，但侧面则太过于平直，筒瓦虽不擅长做整体的防护，但却是可以拼凑各样的图形，尤其是侧面。可见图中增加了筒瓦上下的环环相扣，如同窗户有了睫毛，同时不可小视其受力的作用，

图3-19 拱形的窗

相当于第二道拱形，两次分担受力。不但顾忌了美观，同时考虑到了受力，怎能让我不记录。

虽不精致，但何尝不是一种人生的追求，不了解的每个人的生活何从何去，但细致的生活不仅是留给自己，在未来也总有不知晓的他人来欣赏你的曾经存在，如这窗的意味。

窗户有平开有推拉，只是走到今天，遗忘的样式也还有，如图中的中悬窗（图3-20）即为水平轴转动的窗户类型，其实当下的上悬窗及下悬窗都很常见。用于外立面相对而言中悬窗其实比较少见，出现在上百年前的民居中则更是罕见。其最大的特点是轴在窗中间，所以旋转角度大，开启面积也就大，故通风性好。考虑开启侧的突兀，为了不发生触

图3-20 中悬窗

碰，所以其多设置在高处，如图所示即为高窗。

　　图3-21则是上悬窗的一种示意，同时为护窗与窗的一种组合模式，护窗在欧式建筑中，常用百叶式，前文也有记述；而后文会对商住业态护窗进行介绍，为独立装置，每天早上卸下，傍晚装上；撑起窗棂，这种方式其实很常见，多出在南方，也多古典，一般用于不需要单独设置

图3-21 上悬窗

护窗保温（护窗的另外一种功能）的场所，为保持窗户的开启状态就必须有个支撑物，则被称为叉竿。在《水浒传》中，潘金莲因为掉了叉竿，打到了西门庆，才有了后来的故事，可见叉竿是一种高处坠物，所以并不推荐使用。而设于外护窗的情况则更加少见，但同样需要设置叉竿。图中可见是一端顶在窗底，另外一端顶在护窗斜撑的两根短棍，或分离，或一体，只能猜测，后文会有答案，也会有改进方法。现在也有很多简单替代的办法，譬如横过来扛一块砖或是一片瓦片等，不让护窗归位即可，只是俗气了很多，缺少了建筑本应有的那种灵气。

起皮的护窗，证明了木质结构没有桐油的防护确实经不起风吹雨淋。起皮的部分裂开后，内部木条的翘趄横出，倒是显露了护窗的结构：该是两层三合板中间夹杂小木条的工艺，三合板的使用在中国刚过百年，一边验证着它的年龄，一边验证着木结构必须防护。斑驳中的故事总是让人看着那么沧桑，其实风雨对每个人都是一样的公平，你不能珍惜，你就会失去，就会破损，只有合理的方法与耐心的呵护，才能让久远变为古典美，否则再美的容颜，不多久都会发生变化，变为沧桑后的破败，珍惜当下，或不为太晚。

第十七节　高低错落是如何完成的

　　偶然看到的一个断面（图3-22）解决了一直困扰我的一个问题，当两所屋子的屋面形式不同，要如何实现在同一墙面体系的受力转换，直到看到这图，迎刃而解。高的屋为厅，为尖顶，低的屋为厨房，为平顶。有人说尖顶是为了排水方便，其实我认为这只是原因之一，如图所示得很清楚，尖顶会有更高大的空间，也会有更大的空气对流空间，这或许才是真正的理由。所以厅需要高大，为门面，今天仍然如此，而厨房则多对于层高要求不强烈。

图3-22　绳索连梁示意

但针对这一栋建筑，应该又有其特殊的一面，猜测其该是加建，有些细节暴露了这种可能：如横梁上方的白色填充墙体并未完全熏黑，则侧面证明了梁与墙不是同一时段完成的建筑，所以厨房为后加建的构造。但为了节省材料，建筑师充分利用了原建筑的梁，设置水平檩条，水平压在它的上面，用白灰类材质筑墙，用以固定这些檩条，可见白墙侧的檩条端头仍然显露在外面。

主梁下用很粗的绳索，又固定一道横梁，该与建筑本身结构无关，但仍然十分特别，也是罕见。做何用途不好猜测，只是在榫卯结构垄断梁柱建筑的建筑时期，居然看到用绳索来固定两道梁确实让人惊诧，或并不合理。但任何天真或是笨拙的想法，其实都应被尊重，可能并不主流也不科学，但仍然有可取之处，毕竟也是一种大胆的尝试，验证着绳索的荷载情况。从上面的油污痕迹可见，其实耐用，也算通过考验，可以作为案例。

重新定义一种方法难度很大，因多很难与现有的方式进行比较，因不够完善或是漏洞较多，但却是远见卓识的创造力体现。某一个理念往往忽然被人认可，才会蔓延开来，并被重新审视。但更多数的则是石沉大海，所以那种逆水行舟的勇气十分值得尊重。虽然很多形态都如同这绑梁一样多被人遗忘，但那位匠人的努力，才是真正的工匠精神。

第十八节 拆解石头墙

而另外偶然看到的一堵石头墙，才让我知道了什么是石头的分量，图3-23是虚掩在上面的样子，而我还是好奇它内部样子，于是单手想把它拿下来，结果纹丝不动，出乎我的意料。这石头是真的沉重，双手往下取，仍然比我预料中要重，作为同样的材质，可想之前那大门上石梁的分量，也可猜想要把它抬上去的难度之大。作为没有机械化工具的年代，这真的很难，同时也让我了解了花岗石的真实密度，作为优秀石材，确不是人造仿制品可以匹敌。

其实内部的结构并不出意料（图3-24），在石头房子的建筑类型中已经有过介绍，但之前介绍的石头更多是片状的页岩，相对的分量要比花岗石要小很多。这是我用双手所做的对比，所以这次遇到仍然作为一种形式来介绍。

页岩堆叠的程序是：大块石头成形墙体结构，小块石头填充大石头之间的孔洞，而砌筑时与砂浆一样，需要用泥浆固定及填充所有的石头。花岗石的堆叠，在外形上更加平直，但是在内层可见并不如外表那么平直，填充物并没有什么变化，同样是边角料的碎石块，而风干后成碎屑的灰土从缝隙中淌落，慢慢流出。

可见有了残缺风会侵入，黄泥会因此解体，结构会因此而被削弱。所以在我的家乡也好，在这里也罢，石头不能被填充的外缝隙会采用水泥勾缝，让风化的进度得以延缓。

这里惊讶的点仍然是看似不匹配：花岗石如此沉重，为何泥巴依然能够与之配合，稳定固定，整体建构结构看起来比一般石头砌筑类房屋更加坚固。有些主观的感受确实容易产生错觉，个人的想法与理解永远都带有个人的性格特质，所以常常容易出现偏差，这种时候检验认知的最好办法就是实践和经验。于建筑也好，于人也好，谁也不是完人，但我们存在的理由就是变得更好，一生的时间或就是在肯定自己、否定自己、完善自己的过程中轮回，直至结束。所以自我反省与自我改正，是决定人生质量的重要因素，但往往被人忽视。建筑中给予人的感悟极深，如果可以理解了建筑，大约也就理解了人生的意义和方向。

此次的行程看到了太多实验类建筑，并不普遍，但其实效果还是不错，不能大量被推广，主因或还是材质本身比较稀少或是昂贵。但从一种并不多见的结构模式来看，也算曾经有过的历史，值得记录。

图3-23　石质墙体外部

图3-24　石质墙体内部

　　日照涛雒，这是一座保存尚好的古镇。店铺买水顺便打听曾经，居然对过去一无所知。曾经居住的人已是换了一茬又一茬，验证着曾经的繁华与现在的衰败。这里是个很有文化的地方，是诺贝尔物理学奖获得者丁肇中的故里。可能因靠海边，有海鲜吃的人总是聪明，看着年代谱，文人墨客确实层出不穷，不是我这样吃土豆白菜长大的塞北孩子所能想象的文路，小镇的一丝一扣都沉淀着一代代人的温婉回忆。

　　仍有一座二层小楼赫然立于镇中心（图3-25），却不能确定它的往世今生，只是作为建筑，这确实是一笔遗产。砖砌建筑的二层楼房，如果放在济南可以说见怪不怪，放在这个小镇则显得过于突兀，可以想象

图3-25　青砖砌体楼房

出曾经鼎盛时海港口的商贾云集。且这不是欧式建筑而是标准的中式建筑，则是最为难得的一点。楼房被引入中国始于民国初年，多为西洋建筑，这样充满着中式建筑改良思想的建筑，仔细想想其实并不多，且存在的时间段很狭窄，仅是几十年转瞬而过，所以每一栋都弥足珍惜，何况保存得如此之完好。

见到这类有气质的建筑，现在已经容易想到笔直方木的屋架结构，刷着黑色的防腐漆，所以屋梁百年不驼，也能被直观看到。有瓦有当，瓦片并没有太多的破损，所以瓦好固定也稳定，标准的硬山顶，是有钱有地位人家的标准配置。虽然正脊并不算太凸出，侧面体现出这户人家的低调和沉稳，但优秀商人与总有之相配的建筑风格。金钱在任何时代都是好东西，有它可以让房屋变得最时髦，变得最完善，也变得最能够保存久远，更多是建筑财富让人叹为观止，也让后人足够纪念。前段时间在追寻为何富人更加仁慈善良，还是因为仁慈善良了才变得富裕，并无答案。但我想做一个标杆还是可以的，天道酬勤总有财富的收获，也有因此带来的建筑收获，这是一种真实存在的答案。

这房屋该是专业建筑队完成，普通民房多数没有这个条件，更多为邻里善此道者经验所得。正规军的建筑如对比，除了砌筑的水平度明显更胜一筹，最明显不同是条石的采用，可见墙角的条石横竖相搭，其对结构稳定性的考虑会更多，又是一种进步。不仅是楼房，在某些一层平房也有出现。这种条石与墙体的宽度一致，多出现在墙角墙身的一半处，作用简明，就是在一定的砌筑高度上，用长条石材的自重在横竖垂直的两个角度来稳定墙角，因墙体地震等搓动同样会产生剪力，砖块体积小自重也小，对于水平的剪力容易垮塌，但是条石的加入则很有效对抗这作用，一是因为长度，二则是因为自重，抗震效果比纯粹的砖砌体会大幅提升，却又没有纯条石建筑的施工难度、成本压力等。这该是一个出于中式建筑要发力的状态，只是又忽然泯灭在建筑的长河中，也是满眼的回忆和回味，都成了片段剪影。

第二十节　变迁的只是过客

藤蔓婆娑之后的样子（图3-26），充满着野生的味道，让人想不起来这里曾经有人居住，其实并不久远。那时候这曾经是个食品厂，后来几经沉浮，工厂关闭，工人散去。如今看起来仍不算老，岁月对人其实仁慈，只是曾经热闹的厂房却异常安静，野草取代了工人，继续着喧嚣，只是变为无声中的热烈。

锁扣在十几年前（图3-27），尚还十分普遍存在，安装在门窗上用于锁闭门窗的扣式固件，由活动部分和固定的两部分构成。固定部分为鼻，通过活动部分铁片空洞与固定部分的鼻结合在一起或是分开，鼻上挂锁，可锁也可挂上，即是随手固定门窗，也可以离家锁门。常用于不算重要的房屋，因为它的设计虽然在上锁的状态下并没法拆除，但由于铁片的厚度也就一两毫米，极容易被外力破坏打开，如果用来防小人是没有任何用处的，所以只适用于防君子的场所。

与之对应的是插销，是一种防止门打开的简单部件，一般是金属的，分两部分：一部分带有可活动的杆，一部分也是一个通鼻。通常带杆的部分固定于门上，通鼻儿固定在门框上，位置相互对应，锁在门外，插销在门里。使用时，将杆插入鼻儿中即可，连杆弯下卡入槽内，不能再被从外推动，目前仍然可见，还是很常规，这里不展开说，同样也在不知觉中消失。

一排排的锁扣痕迹则不多见，多的是缺失了舌头部分，也有缺失了卡头的部分，却显示出主人更迭的一段段历史。因为只有锁上钥匙丢失后，才会破坏锁扣，我也干过类似的撬锁活，不算太难。只是如此之多，如同走过的国家签证一样，密密麻麻签满着门面，与游走世界一样，这门同样经历着世界的种种变化，何尝不是建筑的一种证明。每一个时段留下一个痕迹，然而却都是斑驳的伤痕，落漆、藤蔓与之相互匹配，验证着建筑衰老的容颜。这不是一尊建筑的贵妇，而已是弥留时的

图3-26 植物吞没的建筑

图3-27　建筑主人的更迭

老人，但建筑本身的情感特质，却只有这时候显露得淋漓尽致，或只有那每一道锁扣的主人，才会懂内在的故事，不会有人来予以记录，而我只负责拍照。

第二十一节　灰网之后的模糊

同一位置，两种感觉，眼中的破损是清晰的，屋梁垮塌，已然无人维护，但心中的破损却是模糊的（图3-28），透不过的世界，只是内心的拒绝。作为建筑承载的生活，我们拥有后又慢慢失去；作为曾经的过往，我们经历又慢慢遗弃；作为未来的一部分，我们看过也该记忆。

图3-28　灰网

行走用的是生命，消耗着的是热情，不能够去的是往前看的远方，能记录的只是凤毛麟角，内心中满满的失落，却因为有这些文字，略微有所慰藉。拥抱生命的力度不能过甚，很多时候真的需要适可而止，我已尽力，请对于建筑宽容，或对我也是一种解脱。

第二十二节　不是自己走过的路

总是很多巧合，一次偶然来收听我演讲的朋友，又偶然去了荣成，又被我偶然看到了微信照片，正好撰写本章，偶然成了必然，故与他要来了荣成的海草房照片。图片时间定格在2019年的10月（图3-29）。保存得虽然很好，只是不是自己那脚步丈量的土地总是觉得有所欠缺，心虚，但是出于建筑本身，还是可以证明一些我不能表达的部分，将自己的亲力亲为的行为方式偶作改变，拿来简单介绍，作为收官。

图3-29　荣成海草房

该说的都已经表达，没有表达到的，这里则表述得很清晰。第一点：海草与苇帘层之间是有瓦片覆盖的，因为是红瓦，可见年限并不久远，或是近些年的翻新民宿，但可以猜测，曾经屋瓦的存在或是有必要的，屋瓦仍是主要的遮挡及导流雨水的设备组成。第二点：房屋的整体构造可以为石头砌筑，与我所见也不同，有土砖，有土砖石头混砌，也有这样纯石头砌筑，这样丰富起来，让各样建筑材料都有了痕迹，也算是一种完善。

在我的照片中这些都没有显示，有些遗憾，是因为那些房屋并非长久居住，或是影片拍摄的道具而已，所以负责遮挡雨水的设备就变为了油毡层，明显简单，但也简陋；或是一种形象的展示，缺少了生活氛围。这张照片则基本完善了生活用海草房结构的所有猜想，虽我的行走不算完美，但至少让海草房尽量完美，也算完成了该做的事。

第四章　济南大名府：
砖结构的补遗

从乡村的民居走到了城市，这是一种必然，也是一种无奈。必然是因城市中的老宅大多正在商业化，这并非不好，保护的出发点不错，但用厚厚的腻子粉填充了那些我能看到的遗漏，不伦不类的修改之后，只是会让断代变得很难，建筑因果关系变得容易误解，故需要抓紧整理记录。因为我的行走能力衰退太快，本以为焦虑会很快修复，但其实到了一个节点之后，自我调节仍然会遇到自我觉悟的瓶颈，需要更多时间，也需要修整，可能最终真的无法远行，那也必须接受，所以多少有些无奈。但内心能够企及的地方却在延伸，与脚步没有丝毫关系，这是成长的一种表现。

本章介绍的是济南城。济南城的砖砌结构，其实很多典型案例甚比后文的老北京更精彩，故拿来记述的，也恰恰是这补充的部分，算是砖砌结构的提前完善。时间上为日照行之后，同为山东，仍是同一种感觉的蔓延，希望能够把建筑遗漏的味道表达出来，哪怕只是一点。

这部分内容多是清末到民国的时间阶段，随着洋务运动与国外建筑的引入，国内砖砌建筑开始发展，并初步形成自己比较稳定的建筑模式，当然也极为短暂。后来现代建筑的迅速崛起，直接产生了建筑理念及建筑材料上的更替，但这一时段确实起到了承前启后的作用，值得进行补遗。

第一节　墙体细节

　　图4-1拍摄于济南大明湖畔。民国墙体变化很多，可以是前文石头基础上直接灰砖进行砌筑，也可以如图这样，中间层为灰砖，上方及下方为成型石块。这样的好处是让墙体更具层次感，类似今天建筑外墙造型砖的感觉，但这个更真实，可看得出灰砖的承重力其实相当可以。

　　图4-2的重点则是砖砌体胶粘剂的展示，前文也已经表述，这里进一步详细论述。石灰作为一种矿石出现很早，我国大约在公元700年就开始在筑房中采用。在没有出现水泥的年代，石灰一直是大型砖结构建筑的主要胶粘剂。其主材生石灰为煅烧的产物，而熟石灰则是加水反应后的产物。撇去上层的水分，下层为石灰浆，也可以称为石灰膏，可以直接使用，也可以阴干后成粉，密封备用。用于建筑时，更多是由专门烧制

图4-1　石料砌筑的模数

石灰的窑完成。烧制的生石灰为块状，相对方便运输，现场加水再成为熟石灰；而熟石灰需要储存好，否则长期暴露在空气中就会结块，失去粘接性不能使用。

　　在那个时代，石灰与其混合物是坚固度最好的材料。石灰混凝土的硬度主要来自于配料，三合土最硬，是因为内部掺杂了河卵石，为硬度最大的石灰混凝土，可直接用于墙体的砌筑；而掺上低硬度的砂子，则用来作为砖体的胶粘剂。上述配合比的强度仍然不能和现代混凝土相比，古人又加入了糯米汁或蛋清做胶粘剂。这两种物质的加入，形成了建筑胶凝，化学反应形成胶结，具有更强的耐水性和强度，是中国早期水泥的雏形。但一般民房中并不采用，因为糯米和蛋清实在太贵，明孝陵中白色渗出物就是糯米汁的痕迹。而民房则多如图4-2所示，采用细砂、熟石灰、水混合作为墙砖胶粘剂，并且一直沿用上千年，直至水泥的出现。

图4-2　石料砌筑的细节

水泥的坚固度也比石灰强很多，所以出现之后逐渐占领了市场。在房屋边挖大坑，生石灰兑水曾经是常见的，但效率并不高，需要静止几天让反应彻底，之后才能使用，远没有水泥现场搅拌来得快。且不会有小孩掉进去烧伤。我自己就落入过石灰坑，身体无大碍，但是衣服成为"盔甲"。那还不是我的孩童时代，而是已经步入职场的成年，故石灰坑还是比较危险。

缺陷总是容易一目了然，优点则需要时间来慢慢揭示，人如此，事如此，建筑材料也相同。虽然不够华丽，但能够使用千年总有它独到的优势，其实就是平衡性。还拿混凝土来看，当下的高楼大厦未来终究就是建筑垃圾，鲜有例外。混凝土的出现让建筑物的强度增大许多，钢筋混凝土则让高层建筑物成为这一百年中的建筑趋势。但高层建筑物却是交通拥堵的核心原因，街道再宽，也仅够满足多层或小高层的居住量。居住的人口数量成倍，道路却无法成倍，除非你的车可以飞，在不能飞之前，那就必须要面对堵车的现实。另外白灰的缺点是时间长了会发脆，不能经历的历史太长，但其实百年已经是足够，也是恰到好处，那石头上的白色就是石灰的痕迹，其实已经保存得足够好。混凝土的降解能力太有限，露天也要150年以上，这还只是猜测。在作为建筑材料的时候坚硬有效，在成为建筑垃圾以后则是毁掉土地的利器，且极难人工分解处理，长期看其实是巨大的负担。人类的短视或最终毁灭地球，而我们的欲望太强，甚至没有边界。建筑也是一样，在追求更高更快的同时，却并没有给未来留下太多悔改的余地。

第二节　告别喧嚣的拴马环

我行走的道并不宽，如同胡同，可想道路的变化也并不大，不谓乎宽窄的变化，只是如今没有了车马只剩行人，多少有点物是人非的意味。

照片摄于济南城区内（图4-3、图4-4），拴马桩已见得很多，《消失的民居记忆》中也有描述，但拴马环确实少见，因为桩好立，而环是要与房屋一同建设，还要考虑墙体足够的牢固性，或还有更换的可能，也只有砖砌或是石头建筑才能够满足这样的荷载条件，当然必然也是大户，需施工前就要有设计的想法。

拴马环的设计该是成品选购，与砌体结构的模数相互对应，砌筑的时候当成砖砌入即可。材质为石头，外形与玉带或如意相仿，有带状原形，正好可以形成孔洞，用以拴缰绳。两处拴马环的外表图案并不一致，且使用的状态也有新旧差别，可以猜测其中较新的一件或在后期进行过更换，但磨损严重的那一件反倒做工更加细致。同样为如意的造型，但是磨损严重的那一件细部的纹饰若隐若现（图4-4），如浪花波纹状；较新的那一件则相对粗犷一些（图4-3），仅是大的纹路上有所表现，虽然磨损不算太严重，但观感仍略逊一筹。

建筑这东西，可能真是越老越是有耐心，越是细心，看来这浮躁确实是随着工业化的前行逐步腐蚀了工匠的内心，工匠也不得不为了生存简化工艺加快速度，直到现在有了"高周转"一词。工匠精神与速度其实还是有些矛盾的，如何平衡，可能也是在觉悟和改进的反复交错中完成，最后把教训作为一种经验，唯一担心的是自然界会不会留给我们太多的悔改空间。

第三节　石头的顺与丁

砖砌建筑的顺丁砌法，前文有述，但是对于石头建筑的顺丁砌法则难以统一标准（图4-5），这是因为梅花丁同一层有顺头也有丁头，再下一层时正好相错交叉，形成横向及进深方向的相互拉结，缝隙也正好相

图4-3　拴马环一

图4-4 拴马环二

图4-5　石料的砌筑

互遮挡。虽不典型，但也证明了梅花丁模式同样适合于砖石结构，这样
的保温隔声效果最好，也是为最稳定、密封性最好的砌体模式。

如图可见石材尽量剔凿，让规格一致。但石材的剔凿并不容易，多
不能完全实现，则尽量取其一头，如让石砖的高度一样。这样可以在砌
筑时，整体观感整齐，找平变得相对简单。面宽的不足可以用调整丁头
数量来弥补，缝隙略大些也并无大碍，看上去仍为梅花丁方式，有层次
又不雷同。

石砌建筑的胶粘剂用处并不如砖砌建筑明显，因为石头的自重本身
就是一种自然契合，但仍不可或缺，其隔温及隔声的用处更为明显。故
石缝中的灰质流失以后，并不像砖砌建筑需修补，会勾缝，自身的结构
安全可以忽视灰分，并非仅此一座石头建筑如此，可以"以偏概全"，
也算是对石头建筑中灰分作用的整体概述。

第四节　常见的几种墙体铁件

　　砖墙内的铁件有很多种，在中国民居中应用很普遍，在这里统一进行综述。铁器时代的战斗武器，在建筑中同样是秘密武器。

　　济南的砖砌结构保护非常好，而砖石混合结构同样留存不少，其功能性在清末至民初发展到相当完善的地步。有些功能件放在当下已经不大容易猜想到用途，如山墙上部改为砖砌之后，会按等腰三角形的形状依次设置五、三、一块石砖。目测大约和墙体的厚度一致，但我认为内部可能会凸出一些，该是某种支撑作用，因为其斜上方和正上方规则设置的外凸铸铁铆钉太过规整，暴露了相互关联的痕迹。

　　第一种铁件即这六个等腰的铁铆钉（图4-5），铁铆钉外部弯头向下，抠在砖里，像是用力倚住墙体，内部一定杠杆受力，可以认为后方该有需要固定的物件。从等腰三角形的位置来看一目了然，感觉是屋架，因为连点成线正好是木质屋架的常规摆放位置。屋架一端安置于石砖的上方或方向一致，但与墙体固定却是由铁铆钉来完成，两皮石砖之间的斜置铁铆钉更是证明了屋架的形状。因这是石料为主的框架结构，则极可能并没有柱，在石头墙上起屋架，没有榫卯的框架体系，为维持稳定，增设了石梁支撑与铁件铆接的方式。这种体系显然不像是本土的民居模式，但因仍然存在青砖的砌体结构，应该是融入了西方桁架结构后的一种改良，适用于砖石结构体系的相互融合，结构同样完整合理，从百年的寿命即可知。

　　第二种铁件则是附属物（图4-6），为右侧耙子状反插入墙内的构件，多是迎街设置。济南是那时候的大城市，庆典很多，所以这个比较容易对比和识别，就是悬挂旗帜的铁质插孔，当下建筑旗帜的插管则要逊色很多，多为后补，缺少建筑方案阶段的前瞻性考虑。

　　第三种则是第二张图中的菱形铁件（图4-7），其实作用与第一种是相同的，只是出现的位置不同，菱形的铁件更多见，拉结的作用也更为

第四章　济南大名府：砖结构的补遗

143

图4-6　墙内铁件一、二

　　明显。菱形的铁片如螺母垫片的作用，使墙体的受力更为均匀。铆钉钉头穿孔，设于垫片的一侧，是工业革命初期的思路，另外一侧却只能猜测，我并没有看到，应该是钩状或环状。从上下布置来看，墙内侧应设有木质的柱子之类结构，故环状更为合理，套于柱身，受力均匀，用来预防墙体砌筑过高时由于不稳定导致的倾倒，菱形铁件紧固则让柱子从外面依靠住墙体，拉紧墙体，维系其结构稳定。

　　本该验证了菱形铁件的固定作用，但恰好这栋老屋墙体发生开裂，位置也明确，面墙与山墙之间，不好说因为菱形铁件的固定作用，墙没有坍塌；还是因为菱形铁件的持续受力，导致了墙体受力不均进而开裂。原因不得而知，但前者的可能性更大，但不管如何，这种固定的效果已经展示了出来，山墙依然很稳定，面墙出现的侧倾趋势，关于这个

图4-7　墙内铁件三

原因的猜测，后文再来分解。

第五节　艺术级别的屋脊

　　济南的顶脊如图4-8所示。北方与南方民居屋脊的造型差别较大，分别为徽派建筑及晋派建筑两大流派的引申和改型，但两大流派本身并不隔绝，仍有相似和相互学习之处，共同撑起中国古典民居建筑的整体风格。

　　《消失的民居记忆》及本书前文中对于徽派的屋脊堆瓦有过介绍，其实南派建筑对于堆瓦的造型要求相对简单，在晋派建筑中关于影壁、

图4-8　艺术级别的屋脊

砖雕的细致程度有所加强，或与皇室建筑风格的外部流传有些许关联，所以在济南见到如此让人惊愕的屋顶并不算惊奇，惊奇是类似屋脊并不少见。年代接近。模式接近，也算是同一种模式的相互参照和流行，应该不是民国初，更像是清末商贾云集时的一种财富显示的极致体验。

　　与诸多皇室翘角不同，民居的正脊造型种类很多，演绎发展则是更多，这里不展开说。除了皇家的龙头形脊角外，完全可以随心所欲地表达工匠意图。民间常见的屋脊形式是硬山式，这里仅针对其细分介绍。从屋脊的外形来看却多为两种，一种是整脊，之前书中介绍的都是整脊，通长至两端山墙侧的脊翼，或凸出或一平，均常见；另外一种是局部翘脊，为戗脊的一种类型，如图4-8中的式样，局部的凸出多出于南方建筑，反而让局部屋脊的效果更加明显。因为在屋脊上单起，所以脊翼更多上翘，拱起的两端由砖垫起，用白灰封严。

从瓦片的堆叠的方式来看也是两大类，一种是瓦片竖向叠加，中间设有脊首，前文有图，多见于南方民居；另外一种则是图4-8所示的瓦片水平横叠，中国的圆瓦也是巧合，上拱下拱交错排放，两层以后就自然形成铜钱状，多是清代及以前的杰作，与钱有关，则证明商业发达。

关于翘角的成形，则采用了造型薄砖的水平堆叠，这种装饰砖在当时当地该是有几种固定的模式，如捏合花纹形状的板砖，又如图翘角上扬的长条尾翼砖，应该都是少量的定制烧制。施工的工艺则采用层叠外压，砖多薄且长。料薄是方便堆叠后出层次的效果，也让翘角变得舒缓自然，退台渐进，尽量让翘角更长探出，却更稳定。

残品，依然精致，完美的失误欠缺一种沧桑之美，完美缺少过程，残缺后的留存则不同，如果耐不住等待，那就尽可能放下。有些感动需要时间，有些美则需要残缺的考验。残破本身而言并不是一种结束，或是一种开始。哪怕是一种放下，也是一种并不错的结果，然而我喜欢这个结果，因完美总之会是过程中的一部分。

第六节　砖结构的造型顶

见惯了斗栱飞椽的翘角，砖砌的屋顶看起来倒显得更加简洁明了，这应该是古代建筑与现代建筑交接中的一种短暂思考。有欧式建筑引入中国的冲击感受，朴质中又维系了中式建筑檐角飞椽的坚持，实现的办法就是加入特质造型的砖体，不仅要完成形态的补充，造型之余，更多要对上方砖体予以力量支撑。这种造型砖在《消失的民居记忆》中的蔚县部分有过明确的分解，种类很多，很多时候确实是为了造型进行单独设计及烧制。

图4-9是T形砌砖的表达方式，就是一种通过砌筑来实现外表形态的办法。实现造型的同时，也承接比其余砖块多一倍的荷载，因为凸出的另外一半并不受力。工艺上，山墙顶，平顺的砖砌结构中，每隔两砖中砌入立顺砖一块，其上层平顺铺设中同样嵌入凸出的丁头砖一块，对应形成T形的造型，平面及立面均有变化。其上继续全平顺砌筑，丁头正好顶在两块砖的接缝处，交接部位交代合理。平顺砌筑之上则是成斜角铺砖，外围的样式为锯齿状，为立面及平面的第二次变化。其上继续平顺铺砖，再上为抹灰层，准备挂瓦。全程并无造型砖的介入，造型却如蕾丝花边，建筑外衣引人注目。

引用这张照片的另外一个原因则是引出砖砌建筑的常见问题：因为檐口的凸出并还是砖砌的材质，基于自重沉重，普通青砖的尺寸较短，对于外挑荷载的杠杆作用很差，所以裂缝容易出现在与檐口相交的墙体上，尤其砌筑高的墙体或倒堆叠样式的山墙檐口等处，但还是墙角，一再着重。这也佐证设长石条的意义：有强度，有长度，有杠杆的承载力，所以出现在墙角是十分必要的，这该是经验和教训的所得，是上百年的一点点累积，建筑为实验性科学，更是实践性科学。

图4-10则有装饰砖的引入，在《消失的民居记忆》蔚县部分中对于山墙外保护的侧砖做法有过介绍，这里仍然可见，确实是北方民居很常见的山墙装饰做法。上下外挑的砖把面砖卡在其内，当时还猜测很久，端头处封以装饰型雕刻砖，这里则用得十分特别，凸显水墨灰白的精致久远。其引用应该是出于梁枋结构中的博风板，同样作为保护及装饰山墙之用，不同点只是没有飘出，而是贴附。一再进行介绍，也是格外说明这种山墙收口方式的普遍及有效性。

另需注意的一点则是佛教符号在中国民居中的应用，确实很常见，如砖雕、木雕等，后文的北京民居更是多见。这里的应用同样有其特点，吉祥海云相纹样设在浮雕中间，周围如意众星捧月，纹样四角继续

图4-9 T形砌砖造型

图4-10　装饰砖的使用

外延拓展，方便与四周的圆框成为一体，如意外则四面继续是一半的吉祥海云相纹样，示意为吉祥如意向四面八方扩展，循环往复，也是把建筑的外延做到了极致，这一点如不注意，常被遗漏。

同样薄弱点也出现在这里，砖外翘，似有要脱落的迹象，还好这外围护的结构并不承重，所以在之前看到的多处荒废民居中，脱落也鲜有人去弥补。从结构角度来看并无大碍，但是从经济的角度来看则一定是家道中落，或已经被人遗弃。如墙后干支，深插入天空，刺眼让人不能忘记。房屋的衰退、家庭的衰弱、植物的衰败，总是屋漏偏逢雨，生活总是如此，相辅相成，不知道谁成全了谁，无法解释，却是如同真理。说不清的建筑玄学，更是说不清的潮起潮落，因此后来才有了建筑风水学吧。

图4-11则是装饰砖的应用，用在砖砌的过梁之处，砖砌的过梁多分为三种：钢筋砖、砖砌平拱和砖砌弧拱等，其中以砖砌弧拱最少见，也就是图4-11中的样子，很典型，一目了然。如加上水波纹的砖边缘，可

图4-11　砖砌弧拱

以看作是砖砌弧拱的睫毛。因为有了睫毛，则需要眼皮和眼睑，如此一来，上面的宽扁砖凸出一些，如眼皮状，下方的圆润溜肩砖型则是眼睑，标准的建筑美人眼。如果不是有拱形，其实这种比喻或并不恰当，但这里稍作拟人也并无不妥。建筑的窗户一侧与屋顶的横直正好相反，往往可以演变出很多建筑温柔的表达。

第七节　广亮大门

　　广亮大门的一种典型（图4-12），常区别与金柱大门，两者门楼皆设立柱。广亮大门原意为"广梁"，如其名，就是可见门梁，图中明显，所以非常典型。虽然常对应于北京民居拿来介绍，但论保护的现状而言，济南的这栋民居明显更胜一筹，广亮大门的概念在这里有相对清晰的观感，先来一述。

图4-12　经典的北方民居大门

墀头多位于凸出于山墙的两侧，后文四合院中有详述。山墙伸出部分左右各有一块雕花精美的砖雕样建筑构件，约是一尺半的高度山墙伸出部分，也是民居中山墙侧最为精致的建筑细节，多有一块雕花精美的砖雕样建筑构件。除了承担着排水和阻水的作用，与南方的马头墙一样，还可阻挡火势的蔓延。墙头总是被人额外重视，故随着发展，则逐渐演化为装饰作用变得更加重要，成为一种身份的体现。花纹雕饰愈加复杂，常见的图案与门墩一致，有梅兰竹菊、牡丹、卷草等。梅兰竹菊被誉为四君子，古人对于君子一说十分讲究，在建筑中的应用比比皆是，倒也是线条清素，也与君子吻合。

木挂落，下设花牙子，这里先概述。因为位置的特殊，北京的四合院多设于门后，这里则是设于门前，更加精致也方便前后对比。装于檐枋之下的柱间，对应广亮大门之中柱，主要起装饰作用，由类似窗棂条的木条组成，均为镂空的木质栅板，成各式花纹图案，或翔云，或苍松翠柏，但皆为吉利迎门。加上花牙子，形状上则是如窗帘尾摆挂起时的样子，庄重而精致，左右对称，是与中国传统对称美学一致的建筑格调，体现传统的力量，当然也相应少了变化，但不能面面俱到。

若对比不同建筑的高低贵贱，看过这些建筑有些体味，多不过是两点：一种是内在选材的高下，柱、砖、石等材料中的佼佼者可通过时间考验，长期、跨代能够留存，只有痕迹，没有损毁，就是验证；另外一种则是细节，如这个足够细致门面，墀头、挂落、飞椽、檐椽、瓦当、门墩等各式构件一一俱全，符合程式与规制，验证着"讲究"是一种中国文化，也是一种态度。

第八节　记忆中的门墩

为了对比后文北京民居的门墩，这里着重介绍箱形的门墩。门墩又称门座、门台、门鼓、抱鼓石，抱鼓石是最为常见的样式，会在北京民居中多有体现。北京保存得如此完好、尺寸巨大的箱形门墩其实并不多见（图4-13、图4-14），但在济南之行中却不少见，这与山东的石材发达且多产优质石材有很大的关联。让人在岁月狠狠雕刻之后还能一目了然于图案，同样叹为观止。

门墩的用处，后文北京民居中会详述。门墩又称为门枕石，其用途为控制门板，内外两道，外面的石墩多较大，显以尊贵大气，门口后端石墩部分则多小些，置于目光无法触及之处，也没有必要太大，同时也为开启门，大了反倒占用空间，更加不合理。但这里称其为门墩显然更加合理，因其形状像一个石头墩子，突兀感强烈，尺寸的大小则是身份的代表。箱形门墩与狮形门墩及抱鼓石最大的区别或只是富商用及官家用的区别，这也侧面说明了此地的商业气氛浓重、商贾云集，所以在门面上往往做足了功夫。门墩尺寸巨大，矩形郑重，雕刻细致；而后文北京的四合院，更多见是抱鼓石，尺寸小了许多，如其名为抱鼓形式，立式圆饼状，低调的同时也证明更多为普通居民。都是门墩，表达的侧重点却差异巨大，一边是使用一边是身份，不得不分开来述。

这一对石墩尺寸相当可观，其上图案仍然可辨，一面为松树，可见仍有松塔的示意，其寓意坚贞不屈，为古代读书人的自省之文。同时松柏亦有长寿寓意，也是祈福的一层含义。另外一面则像是荷花或是莲花，其寓意则是纯洁与高雅，同样适用读书人，更多则是一种清廉的借鉴。上述两种皆为民居优秀传统，用在建筑中记录该是最好的传承方式了，建筑石砌体作为载体，是最可以称为铭刻的所在。

路过的那些孩子，碰到了，疼；路过的那些车马，碰到了，有缺损；主人的更迭，多了划痕。就这样，我们消失成灰。但这刻有故事的石头却在无声记录。无意剐蹭的部分也是一种记录，仅留在当事人的记忆中，如今只能猜测，却共同组成了沧桑的石墩，有建筑基因也有后期改变，这时候的它，才是真的觉悟。

图4-13　箱形门墩一

图4-14　箱形门墩二

第九节 活着与死去

　　曾经展示过建筑消亡的各式图片，但是对于砖砌建筑，一半存在一半消失的切割现状却不多。这几幅照片摄于济南，城市中的变化与过往、价值与没有价值、存在与消失，都在用这种方式给人展示和对比，谁能估计随后消失的是或不是自己呢?

　　难以猜测，断口处原先是空白还是就是如此砌砖模样（图4-15、图4-16），但断口内部确实凌乱，很多不可理解，有碎石、有分割大面墙

图4-15　消失的砌体建筑一

图4-16 消失的砌体建筑二

体的竖向石条，更让人不能理解的是泥灰中还有筒瓦，与外墙的整齐天壤之别，一定深藏了太多秘密。解构今天也未必能够彻底明了昨天的真实，不过虽只是猜测，却有那么一点意思，了解建筑与探秘古墓有些相似。

我宁愿相信那半截身高的墙体痕迹原先并不存在，是后人填补空缺的拙劣技法。建筑本身与身体一样，每一个人都对自己身体爱护有加，如果有一天变得丑陋不堪，开始了放弃，则多是经历了某种创伤后的自我颓废，走向另外一个极端。人如此，房屋亦是如此，所以真正的工匠懂得如何珍惜，只是为了潦草才会如此愚昧，不适合工匠身份。

即便如此，仍然会深觉拆毁者的野蛮和粗心，断口处留下的伤口、存下深深的疤痕皆是不可复原的。常想古建的保护、民宿的改建，很多时候会让我们失去断代能力，改变的东西往往粗糙和程式化，接口处的材料没有工艺感，材料劣质。改造本身就是一种破坏，欺骗得了自己，却无法欺骗建筑的神圣，之后的结局不见得比拆除强得更多。

筒瓦及分隔墙立柱的出现确实让人费解，背后恰似是一个方形的置顶烟囱至顶，然后筒瓦就出现，该有一定的关联性，难道是为了烟道隔热？很有可能，毕竟圆形的接触面积要大些，或内部本身就容易留存部分空气层可以隔热；或其内部可以填充更多的泥灰，泥灰的隔热效果更佳。筒瓦的部位并不规整，横竖罗列，且虽经年历事，这个区域泥灰却是尤其得多，可想当时把泥敷上，然后用力扣上筒瓦，泥巴都被挤了出来，也因为相互作用，在墙面挂灰消失殆尽后，筒瓦局部仍然泥巴严实。不管是哪一种，都该是这筒瓦出现的理由，也算解密一种老屋烟囱的施工技艺，建筑秘密继续保留在内。

第十节　檐角做法

山墙房檐的做法很多，但砖砌建筑中，更常见是利用造型砖护口完成山墙侧的交接，前文已经有了墀头的介绍。这里的图则是另外一种方式（图4-17），不多见但也典型，后文北京民居还有一处，可以对比来看。因博风板于民居是极为少见的，故拿来单独记录，其实是想验证博

图4-17　木质的L形护板

风板与改良砖房间关联的蛛丝马迹。不同点是这采用了木质的L形板，外沿极短，仍比较容易确认，外部为防护部分，可遮风挡雨，夹在了顶砖与墙砖间，倒也利于其与檐板的连接。没有展示清楚的连接工艺，但可以理解为木料间采用钉固定即可，木料之间的联络总还是方便处理。

　　其实这图不能够理解的部分也挺多，我加入它或还是觉得比较少见。对比传统民居的檐椽及飞椽，这该是一种极简处理。首先用装饰的砖椽砌筑出凸出部分，竟然成了锐角，取代了木质椽条，檐板保留并压在L形板上。可以认为L形板是一种简化的博风板，同样贴附，博风板首先是用于山墙侧的外凸保护板，同时其存在也是为达成一种美观效果，多为一块如墙砖的更长整板，此处则略偏窄，面目上其实相差甚远。博风板用于歇山顶，这里则是典型硬山顶，如此关联，只是从功能上来看，此处的L形板都更接近于博风板。

檐板此时的作用不再是砖木结构中的挡椽作用，但其与L形板形成卡槽，可以阻挡斜面上砖的下滑，也是一种勾连作用。其上覆瓦，需要注意的是瓦为洋瓦，这也证明这种做法有舶来的可能，佐证着这或是一种建筑改良。

其中的木质结构均为朱红色，虽然只是局部，但已经可以证明主人的富庶。帝王居所才可用黄色，瓦也为琉璃瓦，而民居则是灰瓦，即常说的青瓦，所以也并非山水墨色的情致，更多也是一种不能僭越。帝王之下，如果富贾或是达官，自然不希望太过单调，为能显示出与众不同，则多使用这种朱红色，即富贵色。这一点于四合院中尤为明显，是中式建筑最常用的色调。

第十一节　满面尘灰烟火色

房屋除了地震，最容易消亡方式就是火灾。走过这么多地方，发现痕迹各异，有的只剩灰烬，有的却还有架构，也还有这样的断壁，曾经展示过建筑消亡的各种方式。但是对于砖砌建筑，烟灰色则是最好的佐证（图4-18）。如从何处来，那是砖窑的炙烤诞生而出；如从何处去，那是烈火焚烧后的残破。停不下来的是脚步，停得下来的是颜色。

如果可以用流行色来定义这些砖垛，黑白该是永恒的流行色，而里面透露的黄色隐约显露和验证着原来的内心。如我们的肤色一样虽历经过了苦难，其实内在并不能为之改变，依然是魂牵梦绕故乡、故土的基因，这或许就是中国古典建筑与传统文化相互印证的一点。容我想得多了一点，这段故事与这段情感淡然消失在烟尘中。

图4-18 焚烧后的墙体

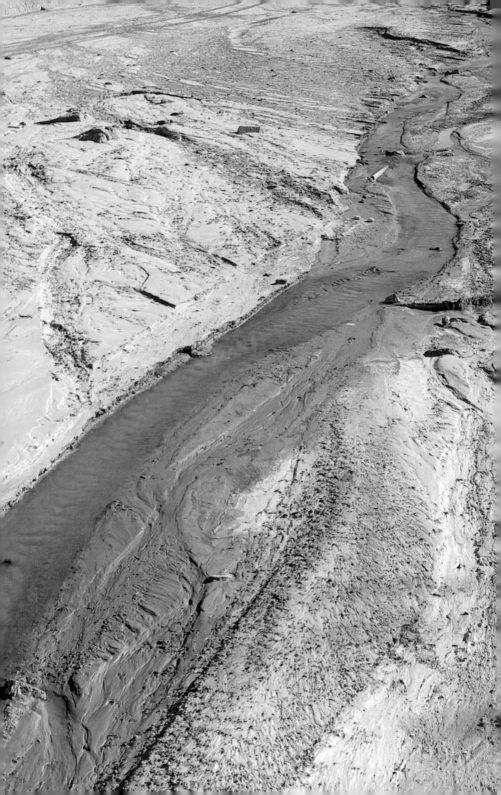

第五章 达拉特旗、察右中旗：

土坯的最后回眸

【卷首语：历尽千帆】

　　再走儿时走过的一段路，小学时候曾与母亲回过一次她的家乡，记忆深刻，绿皮火车缓慢中到达包头。记得那天，夹杂的嘈杂的人声中，拽着母亲的衣角，短暂停留在表舅的家中，然后继续上路。儿时我十分挑食，身体也同个性一样无奈并脆弱。在跨过黄河大桥的那个回忆片段中，我晕车到了极致，此生再无，拉开长途公共汽车的车窗，呕吐到天昏地暗，那种痛苦记忆了30年。后在跟跟跄跄中抵达了达拉特旗的舅家，再后来末了一站是母亲家乡，随后的回忆慢慢变淡，没有了印象。那奔波是儿时的一种加深体验，或只是为了今天的行走，有了对比，验证了时过境迁。人生从没有应不应该，只有顺其自然，那些偶然，站在几十年后居然是一种必然，还不知道现在的这些偶然未来又是什么结果。

　　这一次的行走简单了许多，这40年的发展让世界震惊，也让我深刻体验。有了高铁，曾经的痛苦颠簸变得快捷舒适，冲上一杯咖啡，戴上耳机，安静看着窗外的农田村庄快速向身后飞去，一切的安静与淡然。这是时代的巨变，也是几代人的努力拼搏，不可否认。儿时的轨迹重来，那些老屋不知还在与不在，都成了谜，但历尽千帆，我的生活和年龄已经大变样。于我而言，归来却还是那个少年，人似乎总是比建筑的更替更加固执。

第一节　来得及时

　　图5-1拍摄于达拉特旗的小白房子村，恰巧是认识的一位编辑的家乡，也是在她的指点下让我直奔这里。来得很巧，其实在后面几天的考察中，发现类似如此的老宅仅剩几户。当我如同发现珍宝一样震惊时，外面轰隆的推土机正在对整个城区进行着大规模的拆迁，也许就是几个月光景，这里就难以再被觅到。

　　在古建筑中，设有槛墙的窗称为槛窗，在后面介绍的四合院建筑中会非常普遍。在南方建筑中更多见的是隔扇，在北方则更常见的是槛窗，无论南北，其都是作为房屋门面的墙体使用，也会与房门为一体，可以视为门联窗。槛窗相当于将隔扇门的裙板以下部分去掉，安装于槛墙之上，槛墙的高矮由隔扇裙板的高度决定，多为三尺，即一米左右。

图5-1　沙漠中的建筑色彩

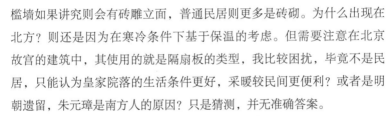

槛墙如果讲究则会有砖雕立面，普通民居则更多是砖砌。为什么出现在北方？则还是因为在寒冷条件下基于保温的考虑。但需要注意在北京故宫的建筑中，其使用的就是隔扇板的类型，我比较困扰，毕竟不是民居，只能认为皇家院落的生活条件更好，采暖较民间更便利？或者是明朝遗留，朱元璋是南方人的原因？只是猜测，并无准确答案。

　　槛窗与隔扇下皮尺寸不同，分为两部分，以下为风槛，风槛上部为可开启的支摘窗，因为可以被撑起而得。风槛之下为榻板，榻板之下为槛墙。槛窗的优点是，与隔扇共用时，可保持民居整体的风格一致。支摘窗是北京传统民居运用最多的一种窗式，后文的四合院中还有遗迹，却没有看到仍在使用的，则只能这里介绍。其沿柱间两侧安装抱框，在圈定的范围内，居中安间框将窗分为左右两部分，每部分又分为上下两段，故一扇槛窗就被分为四块，上面的窗能支起，下面外侧的护窗能摘下，支摘窗也因此而得名。北方的窗扇均又设内外两层，为保温作用，前文已经有过讲述。

　　槛窗上面的部分称为横陂，是位于中槛和上槛之间的窗扇。中槛、上槛分别在其下及上面，两块宽横板，隔扇窗亦同，名称不同。中槛下为槛窗外抱框，即是支持窗的框架，上槛之上则为梁枋，梁枋之上为梁。横陂窗通常为固定扇，或是仅为实心栏板。对应于隔扇中的绦环板（上裙板）的功能与效果类似，如图所示，为如意式木雕形式，也称盘长样式棂花，外设玻璃。如再早，则可能是窗棂纸。

　　其余窗棂式样也各有特色，比较常见的几种窗棂形式这里多有展示，或是相互组合，如双菱形、双环形、回字形及回字形的变形等种类。这栋房屋最特别之处就是这些木质隔断琳琅各异，且保护完整，虽并不算精细但十分特别，或是花式繁多，或是颜色原因，或是有了玻璃的融入，有些说不出的怪。

　　门尤其特别，可谓罕见，门联窗多是指民居现代改良，借鉴之处就是这种隔扇门。用于隔扇门上的称门帘架，由名字可见是作为门帘透气之用，为上部凸出横板，可挂帘子，用于槛窗上的称窗帘架。门帘架上为帘架横陂，其与固定窗上沿齐平，故门的中槛与槛窗中槛顶部也齐平，组成立面。

门两侧的木质饰件没有明确的出处和用处，只能暂认为是装饰构件，因为上门框处同样有雕饰。但用在民居实属罕见，大江南北都并没有见过与之相仿的。而门本身也极具特色，作为入户门，多见为实心木门，这里则是现代质感的镂空隔扇门，如我家儿时的立柜大门，可以猜测是50年前左右的产物，不会太久，因为椭圆形的空洞并不适合窗棂纸的贴敷。

把一个门面装饰得如此别致还只是其一，最奇特的是颜色。按理说黄色该是皇家用色，在古民居中几乎没有，然而这几栋房子都是彻头彻尾的黄色立面，不只是局部，梁枋到槛窗、立柱到间柱、大门到槛板均为一色，且并非金黄色，而是更接近沙漠的土黄色。这片土地在我儿时沙化很严重，不知道是否有一定关联，但也有些说不过去，因为沙化，难道就要用伪装色？询问屋主，已然不得知晓，变成了一个谜。我依然记得儿时在房上窜上窜下，确实都是昏黄的平顶。偶看到一个大木盒子，努力去看，是一个棺材，吓得我慌张逃跑，所以可能各色伪装比较多吧，但对于明显的黄色外表并没有什么印象。其实让我错愕的是一种惊艳之感，每个细节并不细致用材也不考究，但整体想要营造出的华贵让我感觉惊讶，成本并不能控制一颗爱美之心。

第二节　从屋面开始的不同

在我儿时的家乡，荆条层是比较多见的，因为荆条经纬相穿成硬片后，强度要比秸秆等屋面保温层更好，单块的面积也可做得更大，所能外挑的檐口部分也就更长。如图可见，在没有飞椽和檐板的情况下，独自靠荆条层偏房（或木板正房）与椽条也可支撑部分外挑瓦片，也是土砌建筑的一种形式。

与《消失的民居记忆》中的麻刀灰出在同一种场合，均为土砖形态建筑，只是这次除了墙体外层的涂抹层，顶部在荆条层之上也都是麻刀灰的泥浆，之上覆瓦。风干后硬度比普通的泥浆更坚硬且有韧性，与荆条层一并作用，使保温效果得以提升，因为它的密实性更好。

民间建筑的特殊之处就是，对于材料一定是极简，省钱往往是房屋建设的第一要务，所以看得出来：正房还会有些碎木条在椽条上（图5-2），厢房则只有荆条层直接覆于椽条之上（图5-3）。图中可见：在荆条层之上隐约还露出毡子层，这种毡子就是儿时用在炕上的那种高粱皮毡席子，作用为隔开土皮面与被褥层，保护被褥的相对清洁，为隔离作用。在中国的历史上有着浓重色彩，影视作品中多见，因造价低廉成为了贫苦家庭的代名词，结果发现后文的四合院中应用同样广泛，所以这种结论不成立，毡皮层就是这个阶段北方的一种建筑材料。唯一不同是这里与荆条层配合使用，目前已然消失，但在屋面的材质中被历史冲刷出来，反倒能够展示给观众。原来我已经经历了这么多变化，很多再见真的是再也不见。

当地杨树多见，虽然有些可以成长得比较粗壮，但却并不是建筑的好材料。杨树木质比较软，不适于承重，虫蛀后会快速成为危房，无法居住，所以椽条的规整均为松木，只有松木椽条上的那些不承重小木条才会采用杨木枝干。那时候的城市多是家属院，没有大片林地，对于内蒙古这样缺少木料的地区木材尤其紧张，即便不能作为建筑材料的各种小木条也会被收集起来，包括杨木，堆在每家的院边，平时用于生火。

与记忆之间的间隔或只是这泥灰及荆条、毡子的灰白，有些场景并不能让我感觉到些许感动，甚至那些土腥味会让我觉得有些厌烦。可能是我走得太久浸染太深的缘故，时光在那一头，我则在这一头，不了解人类的伟大如何让建筑在几十年中灰飞烟灭，而我一身的疲惫，也是拜

图5-2　土坯房正房檐口做法

图5-3　土坯房小房檐口做法

飞速的变化所赐。忘记过去意味着背叛，但我却在不停地背叛，甚至很多都是一触而过，像是呼机、收音机、风箱等，不同种类、各种阶段，都在短促后消失，仅剩如弥留之际的回忆。

第三节 窗棂细节

　　图5-4是井字格窗棂的一个缩放大样。第一个为"井"窗棂图案，其形状就是一种象形的演绎，如同井的两横两竖，这是基本形态。选择其中最核心的井格向外不断扩大开始变形。有人是认为有井就有水，或有防火的意味，所以被选用在建筑的门窗上作为一种装饰图案，但我并不如此认为。如果放眼更远，井字格代表的意义很多，首先让我想到的是井田制度。对，在古代井代表的是一种土地的拥有，所以我个人对此的

图5-4 井字窗棂

理解是一种财富的象征。虽然有待考证，与之前的双环、如意、回字等示例，基本基于吉祥如意的寓意之上演绎，所以我认为防火的可能并不大。针对图中窗棂展露出的一种共性，似乎要告诉我什么。所有的纹饰多有一种循环往复的意味，让人深思，或是佛教文化中的轮回，或是道家文化的顺其自然，或是儒家文化中的严格标准，无论是何都是一种文化对于建筑的影响，又反从建筑中体现出来的文化痕迹。

　　窗棂的制作工艺同样是榫卯，只是比较微观，在后文详述。图5-5则是另外一栋民居窗棂，典型的回字造型，外大口，内小口，有了之间错位布置的支撑杆，要比规整的回字更有艺术气息。槛窗下的固定扇比

图5-5　回字窗棂

我预想的中空部分更大，想必多不会跨越百年。但如果跨越，那则应该相对富有，因这个玻璃窗比我小时候的还是要大，纸窗棂不合适。这里上方的开启扇为窗棂，现在里边也还是包裹的塑料布，可以看出曾经就是麻纸窗棂，而下方的固定扇则是玻璃，所以可见这就是玻璃开始在民居中兴盛的交接环节，窗用玻璃传入中国大约在雍正年间，同样以晋商和徽商为起始点逐步向南和向北流传，所以商贾富人才会在清末开始应用，如果是普通人家则要后推很久。

对比我们儿时钉子玻璃固定的做法，固定框的边框在这里看得清晰，也是直接，就是那包框的薄木条，既说明了玻璃引入初期的珍惜，也表达了建筑技法在考究民房中如何进行衔接处理。所以能被称为支撑窗，其实就是源于支撑玻璃。

明亮玻璃后的绿植让人心头一暖，依然还有生机，仍然还在使用。人生何处不相逢，只要在合适的时候遇到即可，又何必在意能有多少过往与纠结呢？我在偷窥房屋内陈设时，被屋主女儿活捉，说清楚来意之后，倒是要比我所见过的他人热情许多。很多人即便知道我是收集整理，仍然敌意，而她不但带我进屋看具体布置，还给我指引极为少见的套门，与之后上海里弄的套门一样，极其少见，那是后话。

有意思的是第二天，我在城里吃饭居然又一次偶遇到她，原来她就在饭馆隔壁的小店上班，但依然已经巧得不能再巧。一路走来，从这本书不想提笔，到一步步被引诱开始行程，老屋似有一种按部就班的套路让我能够坚持下来，也给我定好了那些轨迹，遇到谁，看到什么房，遇到什么挫折，艰难但却指引给世人终极目标。如果作为载体，耗尽全力之后分崩离析，可能我的使命也就是如此，并不能质疑和怀疑。生命的轮回处，我或又看到了再次重逢模糊的影子，建筑与人生的轮回都不是猜想，却如同隔扇的往复，面对过去的自己，面对过去的老屋，第一次是触摸，潦草且不懂，第二次重逢才觉悟、记录，但已经跨越很久很久。

第四节 罕见的北方套门

套门用于户内（图5-6），是在入户的基础之上内部再增加一层门，作用主要为保温，防盗方面也有一定的作用。内部的门插还在使用，这是比较少见的，但称其为门栓还是门闩却有比较大的争议，发音完全相同，适用场所差别也无明显区别的典籍出处。

木质门栓，雕刻的是时光，到现在跨越了铁质的门栓又越过了弹子锁。当下的门锁科技含量越来越高，又是可视又是指纹的，都无法展开介绍。木质门栓是一种形式，更是一种真正的界限，为现代建筑与近代建筑的准确分割点。门为门户，有坚守之意，不只是建筑，也是建筑形态，失去后，那个时代的东西也就尽数快速消失殆尽。

图5-6 罕见的北方套门

有人说门闩是指大型城门之类的横木，截面很大，作用是挡住军事入侵，门栓用于民房同样用于防止外力打开，截面相对小。如果对比，其实用处是一样的，更可能是一种与此相呼应的解释，就是门栓可能是来自民间相对不规范的称呼，不细究了，那是考据。

但是双层门最为特别之处就是有两处木窝（对应石鼓的石窝），内外两道门的门纂（门轴的下端）分别插入木窝之内，朝外开启扇的门纂与面墙体一齐，连槛固定件砌筑入墙内，朝内部开启的门纂与木窝连同一体式的内侧连槛则都凸入室内，可明显看到。

砸下贴敷于门上的钎子，则是我们不多见的门环或是门锁内侧固定做法展示，如门环正面固定在大门上，中央后侧门开一小孔，将一只铁钎子穿过大门上小孔，门内部分双向朝外翻起后砸下，扣入木头中，固定钎子于大门之上，外部则是门锁或是门环，更正式的称呼为"铺首"，正面留在四合院中介绍，这里则先展示铁钎子背后的故事。

第五节　纵横皆有定数

在蔚县的民居中，对于檐檩条下的这个辅助性构件（图5-7），一直未找到学术名词，只能定义为重檩，其实并不完全合适。这里又见到檐檩下多排布置，少则两排，多则三根，图中展示清晰，作用也好理解。如两根并在一起的木棍，抗弯强于两根的简单叠加，有过介绍，但总觉表达得不够科学严谨。走了大江南北，越来越发现这是民居的一个重要节点，却常被忽略，心里急得痒痒却不能给个了断，干脆这里展开纵横来对比，让结构一目了然。

梁枋结构对比为纵比，进深侧设置木件；檩桁则是横向，面宽向设置木件。

檩条适用于民居等小型建筑物，为圆形截面，屋脊的那根檩又多被

图5-7　檩桁的示意

称为柁檩；另外一种桁条则适用于大型建筑物，结构功能相似，当建筑物比较复杂时，则桁条与檩条会同时出现，此时桁条多不在屋面，在檩下方，截面与檩接近，为方形截面，这一点很重要，比较简单地区别开了檩桁。那图中岂不就是桁条了？答案这么说是可以的，因为其在檐檩的下面，再下面的第三道横木容易确定，在门上方时是上槛，在窗上方时则被称为替木。

　　既然有了答案，但我依然留有疑惑。在牌楼结构中，檩桁中间面宽向还有一种常见的木件，它比檩条及桁条都薄但更高，这种木板型结构被称为垫木，多设于檩桁或梁枋之间，其作用更像是封板，材质也为三合板。这里提及它是要与图中间桁条进行比较，对比后，尺寸和规格都与垫木不同，可以排除；但另外一种疑惑就是在宫殿类型建筑中，檩条下会紧贴有类似桁条的一层交接木料，为矩形截面，称为连机。这个木件与图中间那桁条更为接近，只是相对而言，连机的尺寸要比檩条小很多，高及厚度都是如此，不似图中那么接近，如此判断之后再次确认其为桁条。

檐檩及桁条都架在梁上，榫卯连接梁的其实更多是桁条，檐檩则是架在梁上，梁下为立柱，完成一个立体三维的节点构造。

对比完桁条，纵向类比梁枋，除了方向垂直作用同样类似，只是梁枋类结构中枋的种类很多，不贴临的情况更常见，作用也更多变。但凡贴临在梁下的枋，却都被称为了桁枋，名字就可见这功能与檩桁的雷同，只是横纵方向不同，前文的阑额也是一种枋，后文的抱头枋则是另外一种，种类很多，各朝代叫法也有区别，这一点有檩梁为主、枋为次的概念即可。

至于楹联前文同样有述，建筑搭配的文化功能性不再提及，而在民居中预留楹联的空位则极为少见，但也侧面证明了楹联文化在建筑中的重要性，两者关联密切。不算刚劲的笔迹与并不算深奥的言语，却仍然让我感动。中国的文化中似乎对于梅花情有独衷，但现代社会中，说得多但不好见到的花就是梅花了，真是需要踏雪寻梅时，一个人孤独前行才能适时遇见知音一般的感觉。冷酷中的一抹暖红，是国人文化中不渴望的清淡之美，也是又不畏严寒的一种映射。如果南北建筑会有差异，但对于梅花的喜爱确实南北皆准。

手写楹联对比印刷楹联，当下楹联美得如同P图加美颜，为传统美学的平庸表现，全然看不出属于毛笔的专属个性，已是烂大街。最初却一定觉得时髦，如同机制馒头出现的年代，但却经不住审美雷同的疲乏，多少显得有些苍白，变得容不得人多看一眼。文字作为载体，是一种书写者的个性展示，与建筑相配，虽然简陋但多数不简单。与梅相配，清贫但耐得住寂寞，我想这才是中式文化中的内涵，是极为含蓄的表达。遗忘可能是一种背叛，但不去坚持传承也同样是一种失误吧。迢迢中，我不能回望，用生命去记录可能只是这几个文字，还在延续。

第六节　支撑窗

　　叉竿已经在前文有过细致介绍，但这里的照片则是另外一种做法的展示（图5-8），也很清晰地记录了仍在使用叉竿的真实形态，因为有了支撑才有了支撑窗。前章所述的叉竿适用于水浒传中的场景，但实际中的叉竿如不是用于外开的护窗，基于误伤行人的考虑，仅是窗扇则多会设置于室内，如图形式。细思极恐，难道西门庆是被故意偶遇，或西门庆因此改变了历史，当然只是玩笑，不过叉竿设于室内确实更加合理。

　　叉竿如图所示，一根木棍，正方形截面，边不锋利，不长不粗也不设卡槽，甚至可见端部有些圆凸，但确实可以起到撑起窗扇的作用，

图5-8　支撑窗

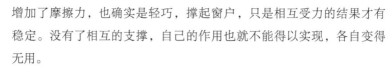

增加了摩擦力，也确实是轻巧，撑起窗户，只是相互受力的结果才有稳定。没有了相互的支撑，自己的作用也就不能得以实现，各自变得无用。

建筑中演绎的同样是一种生活哲学，地球缺了谁都会转确实不假，但是平衡之中却不能缺少任何一样。生态平衡被打破，不管是羊多还是狼多，都会变为灾难；爱情的平衡被打破，付出越多却越是无力挽回；家庭教育中的失衡，过于暴力或是溺爱，都不能让孩子健康成长，水多湮灭、干旱枯萎，平衡存在于宇宙的任何一角。

选择一根合适的叉竿是一门技巧，粗壮的杆自身过重就会坠落，成为"凶器"；太细的杆则经不住风吹，容易掉落。所以平衡的形成除了经验其实并无他途。建筑作为一门实验型技术，合理的模式都是通过一代代人不断改进最后稳定，之后新材料、新技法的出现，重新进行调整，从此往复。

生活的叉竿选择则更加有难度，我也时常陷入深思，与建筑不同，生活看似相似，但每个人的性格却千差万别，所以同样的办法或使用多数人已经认可，却依然很难有标准答案。一个度的选择，就如同叉竿的材质、截面、长度等，或只有自己清楚。所以生活多数不能重来，比如破碎的婚姻。更换一根叉竿的难度，堪比从零试验的过程，主人却多已不愿再打开天窗了，所以多数就是现有的将就，不做改变。故需要珍惜当下，生命太短，心灵会累，很多事情并没有那么多时光容你反复尝试。

第七节　消失的烟火

这里是土房子的烟囱（图5-9），记忆在这一点上额外多些停留，母亲的家乡此次并没有成行，最终的原因是被告知当地老房子已经不多，

图5-9 土坯烟囱

但母亲自身对于家乡的回顾渴望似乎也不大热情，这才是主因。

生命中经历的事情太多之后，总是会变得不那么纯粹，人老更是会如此，一生积累下来的除了衰老其实更多的是面子和介意。或许并不适用所有人，但不得不说同乡、校友渐渐世俗后，确实让人觉得油腻，不再有热情。所以我也不再有动力，本来是想在她行动方便时候带她去看看出生的地方，既然如此，那就既然如此吧。

我对飞奔于这种屋面的记忆如新，土质的平屋顶，靠梯子爬上去，梯子还在（图5-10），这些一点未变。我最后能够飞檐走壁的时光凝固在了那里，也是年少飞舞的一个瞬间。土坯房子的顶没有斜面，也多不高，没有了砖石的棱角，黄土与母亲一般包容温暖，并不怕摔伤，对我来说如履平地，从这家爬上再从那家飞落，对比长大后日益加深的恐高，我会思索是什么让高度的挫败感不停加剧，以至于建筑这职业都变得越走越远，其实还是缺少关爱吧，缺少了呵护的感觉总会越来越缺少安全感。

那个村子多是母亲远近的亲戚，所以宽容是应该的，城里返乡的孩子也更易被理解那些肆意妄为的游戏。这里没有那么多规矩，恶作剧也就变得多了玩笑意味，虽然今天看确实不道德，会把用作生火劈柴的葵花饼塞进烟囱，就是为堵住烟囱的烟路，烟反呛做饭的人。那时候觉得好玩，实则太坏，但请原谅懦弱孩子的偶然变"熊"。孩子总有劣根性，需要时间来改变他。

说这么一段并不为回顾历史，前文已经介绍了烟囱上置放瓦片或是砖头来控制风量的原理，而图中下部为土砖砌筑，上端则是陶管变径，功能也是同理，但同时也方便了安装烟帽，故这里要说的是烟帽，可见

图5-10　土坯房必备的梯子

烟囱顶部已由更为科学的烟帽覆盖。烟帽的引入让我这样的坏小孩伎俩再没有可以施展的余地，有网可以挡住葵花饼，也可以挡住飞鸟，有帽则可以防风，有效控制风的倒灌。此种烟帽又多被称为飞鸟烟帽，功能可见一斑，目前仍有使用。

时光如梭，我慢慢变老了，这些房子也慢慢变老，图5-10中的那破房门经年不用，房主问我何来，我说这房子是否还有人住，他也不再追问我，反倒一脸哀伤，告诉我这是他父亲的老房，而父亲已经离世，所以房屋已经空置，但样子并未改变。人已经离去，房子却还在慢慢死去，一脸默然之后，只剩不语。

其实这房子让我想起了自己家的粮房，也就是所谓偏房，那个门与此一样，父亲总是将就家里的设施，是性格，也是穷惯了。与此类似的那个破门（图5-11）是我家的炭房，我常去里面去用簸箕盛炭。塞北的冬天严寒刻骨，入冬都要买一车的煤炭才够一冬采暖。回想没有搬运工的时代，全家人都是搬运工，我尚小，已经懂了抬起笒筐；没有保洁的

图5-11　土坯房的麻刀灰

时代，全家人都是保洁员，我也一起擦拭玻璃。时光一瞬，已经步入中年，有些生活似乎永不可能再回来，有些建筑生活只能存放在文字里。如不是常常梦到那个小炭房，我也不会觉得如此相近。长大后我们拥有了比梦想还要多的物质，但却遗失了最重要的精神家园。简单就是一种快乐，我们却变得复杂，忘了初衷，有些迷茫。

第八节　来自时光的解剖

　　如此的剖面极少，如同身体中弹穿透一般的展示，并非过分，可见到砖砌墙体也并非没有韧性。时光穿透后轰然崩塌的外表，却因为太快速，留下了需要缓慢磨平的伤痕，那就是向外翻裂的砖墙层（图5-12）。这也为一种艺术，似乎不再遵循基本的力学，有了曲线，

图5-12　被破坏的土坯墙

有了挑空，有了定格在那里的美，但只是建筑杂技。出于偶然，也出于无心，但却震撼，建筑的美无处不在，只是看你以何种角度欣赏。

如不是溃掉外皮，其实并不能看出这是一栋土砖结构建筑，我们常可以理解建筑为一种固定模式，竣工后基本不会再进行完善，因这毕竟不是高迪的教堂，可以延绵世纪，去不停完善，这只是民居。但其实不然，在漫长的岁月中民居也多并不是一成不变，在如今时代确实终要消失于建筑舞台了，但在过去的几个世纪中其实变化却并不大。如果可以，多是"缝缝补补又三年"的一种状态，国人勤俭，千年来贫苦人也多，如对比时下的生活我们确实该知足。

所以这后补上的外砖墙该是几十年前所增补，是某一代人为了改善居住而增设的作品；而屋面增设的蓝色彩钢板则该是近十几年的产物，虽越来越不伦不类，却是民居演绎的一种典型表达，没有定式没有规则，只有稳定居住、价格低廉的基本要求。

凸出的白色躯干（图5-13），乍一看真如同已经埋藏的白骨，突然因为脱落的外皮露出了真相，但其实只是过往故事的显露而已。竖向的枝干应该是用于超长墙体的段落，不至于如外皮一样坍塌；横向的枝干则可以透露出这该是一处过梁，曾经该有一处洞口，后来弃用堵上。建筑本身就是一部书籍，介绍了关于房屋的所有故事，然后又一页页合上，多数不会再被打开，偶再被翻开也少有人去关注，因为其中的主人公早已烟消云散，谁会再去凝神思考曾经无关的是非。

破碎就破碎吧，彻底一些更好。时光之力洞穿了砖墙（图5-14），又穿透了麻刀灰的抹灰层，打倒了内外三层的土墙，内墙之后还有麻刀灰的抹灰层，终于入室。对视着居然是正门，就是前文介绍的那种拱形玻璃窗扇入户门，这里再见，可以认为也是一种当年流行，如今褪色。

墙体的结构清晰，痕迹又完整地介绍了丁头墙体的砌筑方法，两层平头中间夹一层立放的丁头，丁头是重心，密横排列，相互交错间空出了侧头的放置空间，相互承压形成杠杆，密实更加稳固。立面容貌上有

图5-13　土坯墙破坏的隐藏细节

图5-14　土坯墙破坏的墙体内部

了变化，是常见类型，也是规律波纹之美，核心则均是丁头密排，重心垂直，稳固厚实。

可见外部的麻刀灰只是抹灰，墙砖的胶粘剂都是与砖同材的泥巴，粘接性尚好，可以看出已然临空的砖头，并不坠落，是一种挤压的结果，也是一种原汤化原食的建筑反应，更为一体的紧密。比喻不知道如何恰当，但是胶粘剂与砌筑材料相同的情况，可能也只有在土砖砌体结构中才可见到。

这一场景让我震撼，让我记忆，让我记录，但似乎又找不出真正的理由。残破于生活而言，或越是悲怆越是真实之美；于建筑而言，越是悲怆越是挣扎之美。或世界之事皆为如此，能够让你流泪，能够让你感触，能够让你为之动容，都是已然成为过去的人、过去的景、过去的建筑吧。说起来无语，看起来无声，写起来无意的那些感觉，不知觉中他们已经离开，不可再次重来，已经失去的总是让我们无限回忆，却少有人能够珍惜现在。

第九节　外挂式烟囱

烟囱已经表述得足够多也够深刻，但仍然有遗漏，不过等我表述完这外挂式的烟囱即可（图5-15）。主要特点也一目了然，就是烟囱贴外墙从地面上开始砌筑，一直出屋面。因为贴设方便的缘由多为矩形烟囱。源头或是满族民居，但并无准确的文献资料支持。该种民居的烟囱多设于山墙或面墙南侧，该是为躲避冬天西北大风的倒灌，所以可知适用地域一定是北方再北，有西北风的地方，如内蒙古、东北等地区。

砌筑高度与屋檐可以差不多，也可以继续向上砌筑，不到屋脊即可。如图中所示，凸出屋面的部分甚至有点发飘，后补砌筑的可能性较大。后补的砌体多数不好衔接本体，因为变形的力度并不一致，如变形

图5-15　外挂式烟囱

缝一样，不同的沉降总是会导致不同变形，或导致裂缝的出现，甚至坍塌。所以后补的东西总是不如原配部分来得更为合理，重新再去寻找一致的步调是个技术活，从建筑到人生皆准。

　　这样的结构形式其实内部多有火炕的存在，烟道不走内部最大优点是会让屋内的空间变得规整，且不占用内部空间。竖向烟道和炕内烟道直接相通，也让烟路更为直接，更好地引导烟火的走向，直接的结果就是柴火充分燃烧，间接的结果就是排烟通畅，不会让炕板过火不均，体感不热。

　　铁皮烟囱也都显露，印证这也确实是火炕的烟囱，北方采暖在没有集体供暖之前都是采用火炉，就是烧煤的铸铁炉具。有面，面上有圈，圈上搭盖，下方设有接煤渣抽屉，设平开或推拉门。唯一深刻的是面上宽大，温度适合烤红薯，炉火微暖，适合围坐在周边。没有手机的时代才有幻想，才可以发呆，也有了今天的记忆和梦想。今天有了手机却没有了思考，没有了火炉也就没有了温度。

火炉上方连接的就是铁皮烟囱，烟囱就是这系统的暖气片。烟气温度高，谁都有被烫过的经验，所以要吊装使肢体不易触及，但竖向部分仍然没法回避，那时候羽绒服穿不得，一碰一个洞。前文的羊眼螺栓固定铁丝就是固定烟囱的一种手段，内部的烟囱多不会长度太长，同样受制于风压有限，所以火炉多设于中间房间，烟囱也有了三通。图中能看到的只是伸出的部分，有三处，烟囱送到室外的样子可见并没有采用三通，或为三处炉灶。

烟囱每年都要拆下来敲打，里面会积存烟灰，就如同人的血管一样，只是血管不好清理，烟囱则要简单得多。拿个木棒在外侧敲打，磕出烟灰，再重新一节一节对接插入，放回吊装的铁丝上，确是个不算简单的活。那时候年味重，这往往都是年前一项专门的工作，在大扫除之前，是我与父亲的事情，拆装都是父亲完成，我只负责敲打的部分，一晃多年，很久没有再敲打过烟筒，都记不起最后一次的时间。

父亲不知觉中老去，家中再没有了平房，也许久没有了火炉。触景总是可以生情，尤其在老房子面前，你的童年、青年、中年甚至是老年都会留下记忆，当一个碎片击中回忆，那感动就缓缓流出。童年总是深刻，人活着越长大越模糊，直到自己分辨不出了事物本来的模样。比记忆更早痴呆的其实是心智，还好还有这些老屋，这是老房子的私藏。当我们迷失，当我们负累，它才会出现，是我们必须到今天才能懂得的道理。

第十节　建筑文字

这是从内蒙古去中旗草原路上必经的一个小村落，已经没有什么人居住，同样是土坯房（图5-16），无甚可述，草原之上还有牧羊，所以沦为羊倌的居住场所。远远就是一股牛粪的味道，浓重到觉不出这曾经是人居住的地方。我的家乡有个方言"圐圙"，我以前不知道怎么写，放在这里确实合适，是最象形的文字。羊圐圙就是羊圈的意思，深层意思则与文字样子更搭，也更适用表达。敞开想象，放眼茫茫草原羊群、牛群，四面八方皆是广阔，天圆地方，却跑不出羊倌的管理，字形象地把四面八方都围了起来，这就是建筑于文字方面的一种引申和象形，现代文字中或仅有中国文字可以如此表达。

这种中式建筑文化与文字的互动其实无处不在，却是在一次偶然行走中才发现，也是之前并没有偶然，注定了是天意。建筑与文字的关联

图5-16 草原上的土坯房

太多，又如"口"在建筑中就是围墙方框之意。而何为家，有宝盖头示意的屋檐这就是房屋，又有"豕"示意的猪等家畜，看到图中矗立的拴马桩，还可以闻到牛粪的味道，都有了，这就是"家"。后来有了儿女，就变为了"好"。象形文字作为中国的文化宝藏，其实也是建筑底蕴的一部分。

可见中式建筑的支撑体系有文字、音乐、文化等多方面，内涵丰富，如断绝其中核心，即民居的消失，那么其余的文化体系就难以与之一一对应。没有了屋檐，就看不出家的示意，没有了墙，又怎么会有围城。所以最终消失的并非只是民居，而是传统文化的网络。中式文化的博大精深是大智慧千年的联络贯通，建筑也好，文字也好，习俗也好都有内在联系，相互配合才能知晓内部密码，这也是非物质文化不好传承的内在原因。

第十一节 蒙古包

真实传统的蒙古包（图5-17）其实也是中国民居中十分典型的一类，在2016年的夏天，我行走了内蒙古的辉腾锡勒、中旗、后旗、格根塔拉等多处草原，对蒙古包建筑才有了较为深刻的认知。随着草原被逐块承包，实用性的蒙古包同样也已经罕见，更多见到的是旅游用的仿制品，与海草房相似，有了砖砌的基础，变得不再刻意随意拆卸及移动，也就是失去了其为民居的本质。

作为蒙古族最为传统的建筑形式，圆润美观，但居住远不如想象中舒适，可以说蒙古族游牧生活的生存条件是极为恶劣的，蒙古包的造型更多是为了游牧方便。其内部为可以折叠及拉升的木质骨架，最内层为内饰层，多为布制或是皮质；而外层则是羊毛毡，骨架形成中空部分，形成一定厚度的空气层，但由于密封性并不好，隔热隔寒的效果并不算

图5-17　草原上的蒙古包

理想。搭好架子，绑上外皮，再用照片中的绳捆绑三到四圈，用以固定毛毡，带小门，有顶窗，但考虑绳索固定的方便，则多不设墙窗。

　　显然这种建筑最大的问题是不适合现代城市人居住，因为不够密闭，我也因此吃够了苦。在内蒙古四子王旗格根塔拉草原的那一晚，应主人热情邀请入住蒙古包，但主人可没有说这房屋的密封不好，于是入侵的黑色甲壳虫如食尸虫一般汹涌而至，不设防的蒙古包到处都是"虫鸣蠡跃"。唯一还好的是这种甲壳虫并不咬人也不吸血，而以牛羊粪为主要食物，但是会飞行，外形大，数量众多，有趋光性，若是白天倒也无妨，但如果晚上开灯那就是噩梦，毕竟还是膈应。以前看到甲壳虫，多用手指弹开，实在有仇也不过用脚踩下，这里多到被子里也是、顶灯也是。尤其关灯之后，不一会的异物感就来了，虫子爬到脸上，抓起来扔掉，后来实在没办法，母亲干脆用手拍碎，我也不觉得脏了，清脆的爆裂响声此起彼伏。但实在太多了，最后只能带着孩子去车上睡觉，因为那草原方圆几十公里没有村镇，更别说宾馆了。

孩子很快就睡着，但我却无法闭上眼睛，因为从未与银河如此接近。看着银河清澈无眠，远处的闪电在漆黑的夜空中划过，但却听不到一丝响声，震撼且诡异，可能是实在太远，声音根本无法企及。繁星闪耀，徜徉在银河之中，才觉得自己渺小无比，城市的灯光之下，遮蔽了所有的真诚和真实，遗忘了夜的颜色，这个完全漆黑的角度才让我恢复记忆。即便如此震撼彻骨，而我依然也深感迷失，从那里之后又过了一年，并不觉得自己有所长大，依然固执于各种不习惯、不入流、不盲从，但依然焦躁，依旧被欲望驱使，不能彻悟生活如何行动，还只能停于文字表层的自责。

蒙古包给了我如此的生活感受，也了解了成吉思汗直至如今牧民的生活艰难。人类的进化让自己高级，也让自己变得脆弱，这一晚让我深知适应必须是一种长期的体验融入，而体验是我这代人所欠缺的，因我经历确实太少。感谢生活对我的怜悯，其实我本该无地自容，灰头土脸。

第十二节　破碎的记录

这是在我家乡集宁的一幅随手照（图5-18），也作为结束絮语。城市的拆改正在火热进行中，对于一个城市而言，这是过往四十年中变化最快的阶段，也是发展的契机，在家乡的停留，仅仅几天，对面的房屋就可能突然消失，只剩一片废墟，再隔一天连废墟也没有了。走的时候已经围起了蓝色瓦楞板，土地进行了平整，我儿时一直到成年都不曾改变的样子几天之间就荡然无存。当下的变化只会加速，这种体会在本书结束时，尤为深刻。

这里展现的是倔强的檩条，斜支撑在外，却告诉我们一个建筑道理：原来梁檩长度不够时，民间居然还可用铁丝来捆绑，只是弥补方式，是拿不上台面的建筑技法，却是民间工艺的霸气侧漏。规范限制的只是方法的深度和广度，但真实的经验却往往是突破规范的手段。办法总是比困难多，建筑如此。生命也是如此。行走在家乡的茫茫草原上，我相信如果成功的困难成本太大，你还没有做好迈过去的准备，时代最终还是会为那些有勇气的人前行指引光明，道路崎岖，成功也确实属于少数的人。

开口榫的端头，终于给了一个连接口的清晰断面，展示了梁檩的连接方式。作为本章节的结束挺好，建筑的秘密总是在某个瞬间给人很彻底的展示，但是愿意了解的人却不多，这是作为建筑能够展示的最后价值。捡砖头的人蜂拥而上，木材也被尽数抬走，只要还没有腐朽得那么夸张，在这个缺木料的地域总还是有人愿意收集，故很快所有的建筑构件就被肢解，消化殆尽。浩浩荡荡又是一轮新的开始，自然界在建筑中亦然符合生存准则，只是这一次会比较彻底，从材质到技法，都不大会还留存价值，总归尘是尘，土是土。

图5-18　梁檩长度不足的民间处理方式

第六章　黄浦江边的里弄：

何尝不震撼

【卷首语：人生何处不相逢】

如果说人生来是为了某种使命而到这个世界上的，我认同这种观点，本来不存在的《消失的民居记忆Ⅱ》，本来已经休养生息的半条命，却因为这次的开始，又奔忙于各类建筑秘密中。总以为是已经遗失，总以为已经错过，总以为与我并无关联，走到每个时点，却又发现是那么巧合，巧合得如同专为我而来，恰到好处的相遇。

人生何处不相逢，相逢何必曾相识，用在这里正合适。写至今天正好感冒发烧，一种酝酿也就该在一种蒸腾中展示。那些民间的生活需要些许温度，才能体会出当年的样子。如果只是稀疏，那其实不是老屋内在的情感，如果不能透过文字看到曾经的自己、曾经的童年、曾经的父母、曾经的奔跑，那么此书就是一种失败。这里并非要表现破损，破败只是要表达生命一个阶段后该有的沉淀与历练，以及该有的坦白。我走完这里才明白原来海派文化的纠葛、人们眼中的上海男女，其实并不存在好坏，曾经别人眼中的大上海也是别人眼中现在的大北京，那种刻薄并不是天生，建筑为证，其实只是无奈。

本次的行走是沿延安东路与外滩相交的沿江附近里弄，十分巧合的是现在正在进行旧城改造，逐步进行拆迁，但这部分里弄也是上海近代民居最有层次、最有价值的民居，它们不代表豪宅，在当年也是普通人居住，所以是最真实的社会和生活形态，150年间并没有太大的变化。如果说真正能够代表清末及民国年间上海普通人生活的，这里则是真实的标本，再过几年一样不会存在。如不是我亲自走过，会认为这种消失有些可惜，走过后却认为这种消失其实早该发生，生活的条件恶劣、木质建筑的火灾隐患、道路狭窄的消防不便等，都真实存在。但作为建筑的活体标本，这里也显示出那么多的记忆和痕迹，点滴间都能让这段历史拭去灰尘，为你展现出穿越的迹象。

第一节　建筑为证

　　弄堂类建筑（图6-1），有"堂"则有祠堂意味，祠堂本身是一个宗族聚集纪念的场所。时光退回到150年前，我眼前人影穿梭，却没有多少人有功夫看一个未来的人站在那里。江浙的、福建的、京城的，穿着短打衣服的人们奔忙于十里洋场，他们忙碌如今，他们信仰坚定，为了家中的妇幼打拼，承受巨大的压力。这里弄街道则是他们日落休息的场所，按着地域聚集在每个里弄中，既是一种文化的聚拢，也是安全感和地域认同感的体现。

　　如曾经介绍的围屋或山西大院一样，里弄有着四四方方的整体格局，四面开着小门，或一处或两处，夜间同样会锁闭。每个小门都如同城楼一样，上方自然也不会浪费，同样有人居住。内部为联排别墅般布置，道路如图可见，主干道仅有3至5米的间隔，靠近外墙居所的偏僻小道也就是一臂之遥，百年前是不会考虑大型消防车的进入的，所以虽今天看着灭火必定困难，但其实百年间可记录的大火并不多见。火灾实际与这种联排的特性有关，或是验证着外来引入的传说，其实看着也有徽派建筑的踪影，所以最早进入黄浦江边的建筑形态必定与江浙民居脱不了干系，虽然当下看不到明显的马头墙，但改良的墀头或马头墙犹存，确是作用明显。单房过火可以，但是整体串烧却很难，火焰正常燃烧高度多在墀头的位置，却因凸出直接被阻隔，这是中式建筑中非常重要的一点。所以即便为标准的砖木结构，是人员密集场所，都不能改变里弄建筑在19世纪的日益壮大，其实整体仍然合理合情。所以在今天来看控制火灾，仍然需要想如何把火灾限制在最小范围之内才是正解，虽然现代的防火分区也好，防火卷帘也好，或是防火门也好，实际使用上不管是效果还是美观都远不如马头墙来得更为合理有效。高层火灾屡屡都是漏洞百出，其实对于我们今天的防火隔断仍提供了深层的思考。

　　南方潮湿，所以从江浙引来的建筑风格不只是马头墙，还有晾衣

图6-1　弄堂初印象

杆，并且更为普遍且有了加长，同成为上海的一道风景（图6-2）。没有阳台的存在，衣服、被褥的晾晒就成了个大问题，尤其是冬天，衣服很难干，唯一的方法就是晾到外面，应运而生就是出现在道路上的遮盖晾衣杆，后来有了高层住宅仍然有所传承，其源头还是在里弄。晾衣杆其实是一个钢管的外挑框架，在上面再搭着竹竿，竹竿上晾晒衣服，可撑出，再收回。在比较新的楼房，考虑到楼高，外挑晾衣杆重物时或存在压塌坠落的可能，所以有增加了斜拉悬索，也是建筑构件随时代的地域发展。

第二节　石库门：海派建筑的由来

当然每一栋里弄又显得太过于规整，规模和户型也十分接近，不像是自建型民房，这种猜想是正确的，因上海出现了中国早期的地产公司。随着十里洋场的贸易快速发展和外来务工人员的大量涌入，对于房产的需要愈发旺盛，多的时候，老上海拥有300多家房地产商，沿着黄浦江边的租界一字长龙摆开，后来又突破了租界的限制，外国人与中国人混住在这一区域，东西方的交融，在这里成为一种过渡。房屋形式也由最初简易的木质结构，逐步发展成为有自己特色砖木结构，再后来的水泥木质结构均被称为"石库门"形式。

对于石库门最早只是一种听惯了的说辞，并未多去想名字的由来，即便让我认真想下，也会认为那是一种地名的衍生名字。直到专门为此寻觅之后，才觉出原来名如其身，名副其实。石头的门框即是石库的来由，图中因有了修饰缝隙不可见，实际上是由两竖一横的三块（或五块）石料相互堆叠组成，横向石材刻凿出卷曲，组合后形成类拱形。

更鲜明的特点则是黑青色的大门（图6-3），是仅有海派才有的特色，通高2米左右，对比相对矮小的室内净高门其实比较突兀。石框多

图6-2 弄堂晾衣架

以包裹木门而显示严密和肃静，木门则也配合，是实木门（后面专门为特例附另外图一张，其实也有格栅门，木条状，但其实更容易有歧义，且不管何种都是肃静质感），均对开，两扇门刷黑漆，与北方的朱门则是截然相反，日光下漆皮寥落，因反复光线灼烧而开裂，可见是常年反复漆刷，或缺桐油一层。受制于开启难度限制而多设有门楣，上再加栅板，只是这里未见横批。整体上，门为内镶入式，极为内敛，与北方的广亮大门不同，颜色及内嵌均可为低调谨慎的一种示意，亦为徽商特色。

石框形式很容易让我联想到之前的南京门框（图6-4），顶部样式都有波浪式拱券，不同是南京乡村民居顶部为砖雕处理，这里则更难些，是石头切割，但样式相似，也透露了些许建筑引用地域的关联，必定是徽派建筑不断向东南改变、再改变后的形式，最终成为了自己的一种特色，最终成为海派建筑的代名词。

徽派建筑讲究是私密，讲究是高墙，讲究是隔断，讲究是要天井，其实这里石库门皆有，不同的是百年前上海即是寸土寸金，所以这一切都依据实际情况而变得紧凑，加之联排的叠加，让这种紧凑从内到外均得到体现，实现了最大的利用率。解放后又随着旧城改造，自来水及相应水池的增设，又填充了很大的一部分室外道路空间，让这种格局既统一，也凌乱，但无论如何都满溢出生活的气息，蒸腾的样子。上海"小男人"的原因其实与居住条件相互对应，内部居住条件的恶劣最终演绎出一种社会形态下的男人状态，这种理解，在沙叶新的《寻找男子汉》中可见，后来扩展开来，反倒可从建筑引用到人文。

第三节　有里有理

当阳光下的余庆里被装点一新，但迎接着温暖的阳光，更多的里弄

图6-3　石库门样式一

图6-4　石库门样式二

建筑或许在本书面世之时已经消失，我并无什么感受可言，也是时代进步的必然，只是我无能的摄影技术无法拯救这建筑记忆，所以建筑创伤感仍会蔓延在我感性的内心。与我不同感受的是建筑本身，我眼中的生命决然显示不出这种悲哀。迎着日光的斑斓，又开始新的一天，见证着百年间的日出日落和人影婆娑，于它而言，我们这些人并无不同。生活的真谛可能也就是如此，你我不能停歇，因没法可以选择，只能珍惜当下每个精彩瞬间，明媚也好风雨也好，何止是建筑本身，万事万物皆准。

石库门只是每户的入户门，都是木门，但是作为里弄建筑群的小区入门，则现在已经多变为了铁栅栏门。仍然是石料的门框，款式与户门一致，只是面更宽，里弄建筑规划四四方方，地域规划为一弄，是"围"字的标准放大。四面均设置里门，多为一面均匀布置两处，居然可完全满足时下两个疏散出口的设计要求，理念超前合理。里门内则正是内部的主干道路，因每边各两处门，正好内部为一种井字格的主干道布局，同样经典。

需要注意的是并非所有的里弄建筑群都被称为"里"（图6-5），也被称为"坊""村""庄"等，如裕庆坊（图6-6），但"里"为最普遍。有趣的是，我大约能感觉到每处里弄的边长似乎都为一里左右，与"里"的由来也不知是否有所关联。

"里"是小区名字，"弄"则是小区门牌号，故后来有了"里弄"一说，但无一例外，都是吉庆或醒人的名字，这一点与北京的胡同多为皇家功能性延续并不相似。吉庆类型如裕庆坊、余庆里、瑞庆里、恒兴里、宁兴里、新康里、东新里、泰安里等，而有醒人意味的如：明德里、慎余里、树德里等，可以看出"庆""余""兴""德"等字出现的概率比较大，却可以侧面看出商业氛围的浓重。因喜庆与醒人的寓意不同，却交融于经商的愿望与理念，这也证明了上海既为当时商业中心，与北京的政治中心在百年前就已经从地名上进行了区分，也是建筑

图6-5　里弄建筑名称一

图6-6　里弄建筑名称二

名称上体现的历史痕迹，是建筑的另外一种被忽视的作用，这种痕迹却难以磨灭。

第四节　天井之下

天井虽小（图6-7），却将徽派建筑的核心内容展示得清清楚楚，同样有二层或三层，多是从右手入拐弯楼梯。只是天井没有了水池，曾经排水系统贴临房屋，下侧根本上并无变化，这种建筑形态的完整性其实一直留存。经过多次改造，天井下水泥地面居多，从还残存的走道地板革或可以看出最初的讲究。

描述石库门建筑技艺的文字很多，这里不过多展开描述，一是专业书籍叙述准确，二是专业书籍又描述得过于准确，如我们仔细来看民居既是大同，但也没有任何一栋完全一样，都存小异，所以如果太过于刻板地套用模式，那真是意义并不大。

如果站在门外汉的角度来看，能够觉出它大约的样子其实也就足够，左右均有厢房，或多或少，或长或短。天井正对则是堂屋，是正面，却未必是北方建筑的正房，作用更像是干栏式建筑中的堂屋，因为我看过几间，发现堂屋中堆积杂物的情况也不少见，如果宽敞或是打麻将的好地方。因其后更多为厨房，烧水方便，隔壁走道接通前后门，邻里出入十分方便，又不碍事于其他房间隐私，确是最合理的房间。

但居住并不好，或因为一层潮湿，或因防盗位置不佳，我想二层居住会更好，多会设有两处楼梯通上至二层，一处在后屋，与之平行；一处在天井，与之一侧。可想二层的前屋与后屋在中间是不连通的，天井处走廊二层会有一个小走廊。但石库门建筑特别之处是多还有三层，甚至各种拼凑出来的鸽子窝，甚者被称为"亭子间"，无门无窗，净高不超过1.8米，极致型建筑风格。楼梯则管不了那么多，剩余一并都是梯子

图6-7　弄堂的天井

来解决问题，毕竟楼梯的转弯半径太大，对于突然隔出来各式鸽子窝，已然不会有前室一说，只能直接进，再困难些则是跳着进。

临空式房间储物还好，如是居住却有点难为住户，但并不惊讶，安居一所得其所有，其实并不在意世界有多大，人更多时候也就需要一个可以躺下的空间，甚至都不必考虑能否站起来，因为站起来的时候都是在努力工作，国人的勤奋从未改变，要求也低。在多年前，我也曾蜗居一所隔间，祈祷着隔壁回来太晚的室友不要动静太大，所以再看曾经弄堂的隔间仍然是可以理解，但还是唏嘘已经进步很多，不变的是努力。

楼梯是与建筑有些不搭的（图6-8），是因为这房子可能已有过太多改变，只是楼梯不好改动，已经完整镶入了建筑主体之内。摸得光溜溜的圆球柱头，见证的何止是时间的婆娑，定也是孩童最喜欢的搂抱。国际象棋的兵形状也是最标准的一种楼梯端首形态，这让我从这徽派建

图6-8　弄堂的楼梯

筑感觉中顿然拔出，因为这楼梯的式样并非中式，中式楼梯多为规矩方木，而西方则多为各种圆形、柱形及球形。前文已经有过记述的标准西式木质楼梯，梯柱即可明示，所以建筑形式的融合在这里可见一斑，而另外一"斑"则在天井之上，我们接着来述。

第五节　天井之上

　　天井之上，则更看不出了徽派建筑的特点，细木板条看着眼熟却很少见，江浙也都没有，在西式建筑中则很常见，尤其存在近百年的西方民居中。百叶窗中有，木质吊顶中也有，外部屋面也有。在这里则更多、更普遍、更细碎，如吊顶内的下层板，挑檐的封口檐板，还有这天井的封口板，相当规整整齐，为一种当时成熟的工艺和材料，可以看出西方建筑形态的同步引入，世界建筑在这个阶段迅速融合。

　　这里的窗户永远不要轻信，那不是分隔楼层的示意，更多时候是两层一用，或是假窗，后面是墙，但从外部来看却不知真假。当然木板墙体也是一样，两张图可以说一种是毛坯房的样子（图6-9），另外一种则是当年的精装式样（图6-10）。可见天井的三面均设有房间，都是大面积的窗户，基本占用了整面墙。其实十分好奇：这样一来三间房之间哪里还有隐私，即便拉上窗帘关上窗户，隔音也难说有多好。当然采光不错，这也是天井的最大好处，把采光和开窗面积做到了极致。不能求其主的时候，求其次也是另外一种完美。

　　徽派建筑的天井收口是让椽条垂直于檐板，并不密集，多为挂瓦，这里则是小木板条，密集排布垂直于檐板，做法完全不同。水平顶部最外侧的一圈为铁质雨水槽，通过扁铁捆绑固定在天井的内檐之上，成内环状，自然找坡到雨水管，可想顶部的造型应为双面坡顶，一面朝向室外，对应外墙的落水管；一面则坡向天井内雨水管。两处住宅对比之后

图6-9　天井之上一

图6-10　天井之上二

可以发现，矩形雨水槽应该是交房时已经具备的屋面排水设施，也算是设计精致、考虑周全，如今再看仍然是一种精妙思路。

下图中（图6-10）可以看到后期人为改造痕迹，增加阳光棚，虽然仍然部分透光，但却是随意拼接，失去了天井雨水槽的作用，阳光棚时间长了以后易脏且透光性变差，并不是合适的建筑材料。木质墙体经过对比，可知晓为后增的部分，原先墙该为砖砌体，不过也间接证明着当时毛坯房的装修还是以江浙的民居风格为主。

不能一概而论，仍然还是有些许改良的优点，那就是内天井增设阳光棚之后有了用心设置的铁钩，下端固定晾衣杆，省去了收衣服的繁琐。上海里弄的老邻里关系还是十分融洽的，因为外部走道共用，如果下雨家中没人时也不用太过担心，邻居总还是会帮你收衣服，"打雷下雨收衣服嘞"也曾经是上海一景，也是上海文化中的一缕温柔，里弄消失之后，这种文化也将慢慢消失。

第六节　立贴式建筑风格

立贴式建筑同样是穿斗式（图6-11，图6-12），也就是梁枋结构，只是在这里又有了新的变化，挑枋被大量使用，将室外空间利用率增大。看到图中室外贴凸出的柱子，可很好理解何为立贴式，是由柱距较密、柱径较细的落地柱直接生根，柱间不设大梁，而用若干穿枋联结，上设短柱，落地柱与短柱整体承载上部檩条。挑枋如图，让我想起穿枋设于柱间也算是常见，但又与之不同，让挑枋部分的柱变得复杂了许多，挑枋伸出为外挑的檐或是阳台，也让挑枋的截面比穿枋更大，因为需要受力，完成支撑。

这种用穿枋、柱子相穿通接斗而成的形式，用材少、便于施工，十分抗震又十分精密，所以不适用大体积的组合，太繁琐施工难度会成倍

图6-11　立贴式建筑侧面

图6-12　立贴式建筑剖面

增大，拼过乐高几千颗粒模型的玩家该会有深刻体会，拼插式的结构难度就是如此。其复杂程度可见拆除后的断面，挑枋立柱已经从四面被掏空，所以我国南方民居等小体积房屋多采用这种形式。

　　光线的刺眼让我深刻记忆（图6-12），刻画的建筑却过分加重，手机拍照效果不好，但仍然能够留下些许让人觉出震撼的画面感，密集柱距的丈量由光线来完成，光线斑驳的印记，小广告已然如雕刻，却不再听得到往日的喧哗。

　　写这一段时正是新冠疫情刚开始爆发的时候，对于人声寥落突然间有了共鸣，没有了人，建筑的无声是可怕的，没有了行走的小巷，满身心都是伤感或是恐惧，也或是一种建筑离别。疫情而今已告一段落，有开始终究有结束，建筑也亦相同，安心享受故事的开始到结束、高潮到结尾，然后关上生活，安然入睡。

第七节　挑枋之阳台

　　换一个角度看挑枋（图6-13），均设于迎街处，榫卯入柱，檐梁与屋梁间搭接细木条，下面刮腻子刷白，承载部分后面有述。外围护为常见两种的花纹板之一，下端切割为半圆形的外墙板，这外墙板在江浙地区其实比较常见，在杭州街头我也曾见过，但仍然更让我想起俄罗斯木质建筑的外部墙板，从外形到工艺皆颇为相似，说不清其中是否有借鉴的途径和关联，或是木质建筑本身的共性。

　　其矩长形包裹整个外墙部分，留下半圆形成排凸出，如波浪形形成水纹状，也是一种小家碧玉的姿势展示，实际却是保护木质阳台免受风吹雨打的好办法。屋顶檐板造型檐檩及椽条组成相对常规，檐口侧设有檐板，特别之处是与内部天井一样，右侧可见设有外挂的雨水槽，接落水管，与猜测一样。

图6-13 挑枋之阳台

    电线如蛛网般密布天空，木质墙板让绝缘子便于装设，也算是形成一种缆线敷设路径。从最早电灯进入中国，电线该也是一种荣耀，直到电气慢慢进入人们生活，又遍布人们的生活，线缆就遮蔽了天空。作为建筑发展的一笔，瓷质绝缘子与木质栏板留下最早的痕迹，当下亦一并消失。

第八节　里弄之门洞

    各里弄的迎街出入口（图6-14）前文已有了一个大体式的描述，但是从这图内部来看，则会看得更加清晰、直接，这是最常规的一种

图6-14　里弄之门洞

形式。

首先是木质楼梯，因为只有一跑楼梯故而坡度极大，有严实的护栏，整体被木板密封，爬上去其实不难，但下楼其实也不易，尤其对于老人。

其次重要的是透露了墙板的做法，宽楼板枕木上实为中空，外层朱红色的木板为海派建筑的均一色。内部其实为纤维板之类的合成板，初期则更多为实心木板。为增加抗弯性及强度，可见增设的内部横梁。

再上方则是窗户，其形式后文详述，但可以从这里发现一个特点，海派建筑窗户并没有模数，也就是并不是按双数出现，三、五、七扇十分多见，窗高则按层高随意设置，但多为偶数。

第九节　最残酷的拆解

如我所愿还是能够遇到最残酷的建筑真相，房屋的内部拆除，可利用的部分被人搬走，然后整体被一起推倒。但因为有些住户并不能迅速搬离，剩余的框架往往会被遗弃很久，可不，就正好被我遇到。

满眼的凌乱木条（图6-15）折断空中，满目的纸片飘落营造过往的热闹。时间堆积下来的各种杂物虽不曾成为垃圾，但离开时又变得不再重要。然而这可能是我需要的建筑线索，那些片段、那些散落、那些垃圾其实都是建筑中的一部分，更是生活的一部分，被撕裂又顽强地拉拽着，这就是建筑的力量所在。

房间内部的楼板做法来自一个非常特殊的建筑构造时期，楼房有楼板并不少见，南方农村尤为多见，但采用标准化的建筑材料在百年前却十分少见，在这里则是十分明确。吊顶的标准木条已经展示在前文，楼板层亦同，分为三层：中间层使用规则枕木，中式称呼为"搁栅"，压在两端的水泥梁或木质梁（实际考察中发现两者皆存有）上，起次梁作用，但却是承载楼板的重要木件。其有小槽型轨道卡入，或托在下方的支撑垫木之

图6-15 最残酷的拆解

上，为了固定而多为矩形，圆形木料多不采用。用铁钉固定下部的木条成为吊顶，其上敷设大块木板，按尺寸固定于木梁间上则成为楼板。

枕木的排布并不固定，可以看到同一栋建筑中有横排也有纵排的方式。但可以确定的是：应是经过结构的计算，因从木梁断面的截面可以看得出间距并不一样，截面尺寸也不同，应是对荷载有了估算故尽量节约了造价。

第十节 断面

依据板厚度或有假梁的引入，如图6-16所示层梁的高度会有朱红色的涂刷层，如果没有脱落的墙皮则容易为人所误解，以为是双层梁枋的存在。梁枋结构在中日古建中都比较多见，白色的墙与红色的枋颜色鲜明实为特色，但是红色的枋难道就真的是枋吗？这里即是一种否定的案例，其实并非真的枋而只是涂料层，脱落的墙皮后面还是砌筑的墙体，其实只是单层枋，江浙的梁枋结构或多为如此。

虚虚实实并不是因为虚，而是为了实，因为檐枋之上的阳台底板梁确实有"实"的需求，一端可以承压在檐枋的端部，另一端则同样需要榫卯入立柱上，所以阳台这部分的梁又是真实的，为了这段实的需求故将整个檐枋进行了延伸示意。

可见出立柱上榫孔林立，虽有被折断意义仍然可以展示。除了刚才介绍的，暴露的榫孔还有两大一小，两大榫孔正好对应于垂直的檐枋，设于上下，刻意躲过檐枋，不适于梁局部彻底被掏空，进而把柱的功能强度发挥到了极限。

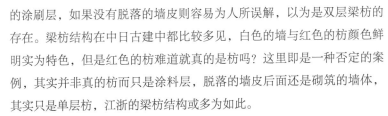

图6-16　檐枋剖面图

迎风板用于迎街商铺故而功能容易猜测，就是店铺的门墙板固定之处。中间的小方洞则应是实心门栏板的侧向固定之处，即为商业部分上槛的固定做法。不仅适用于此，多数的木质结构联结断面也多类似。

第十一节　破碎的样子

拆除是另外一副样子，也是另外一种收获。之前无法看到的材料，在这里，我们可以一根一根捡出来。

明显是后搭建的房屋，重点则是透露出来的地板材质。纯木质结构的房屋与砖木结构并不一样，但是长木地板条却相同，那就是我为什么陈述一堆建筑垃圾的原因，之前并没有看到的地板材料在这里却展示得很清晰。其为成品建筑材料，相似于现代的木地板，长度与房屋进深相仿，但施工工艺却与木地板截然不同。

首先来看，现代木地板是通过凹槽相互拼接紧固，边角用踢脚压实，而那时的木地板条则没有凹槽，排布后用铁钉固定。对于这一点我还是有些奇怪，或是房屋简易清贫，但事实所见确实如此，颇让人有些费解。如照片中可清晰看到每隔50厘米左右的木梁痕迹，证实为梁上的地板，木梁处又用钉子固定上下两端，手法并不先进，但却很牢固。其实并没有垃圾，只是看谁来捡，我就是捡垃圾的人，希望能变废为宝。

第十二节　木质阳台的遗风

老上海晒台已有采用钢筋混凝土的架构，但采用木梁外挑的纯木质结构才更让人无法忘怀（图6-17），那是一种缠绵和纠结的表达。斜撑梁架于墙上，如此出挑与如此斜撑，让我怀疑是否可以上人。但发现其

图6-17　木质阳台

他之处确实存在出入门的设计方觉荷载考虑只是多虑，曾经也该是一道风景。里弄中的阳台也并不算多见，不宽的弄堂街道里往往突兀特别，代入感极强。

其实我一开始没有想到飞罩会在这里进行介绍，前后文均有挂落的介绍，更多见于门里门外。作为中式建筑文化的重点，两者的差别不好区分，强行细分也有些牵强，从我这个外行的眼中简单理解就均是人造"蜘蛛网"，或是工匠刻意了蛛网的美，且设置场所在各种建筑角落，确实也是蜘蛛网容易出现的位置，这是有趣的点，不知最初的引用是否真的关联。

我理解的飞罩更多用于室内，最典型为木床顶边的木刻雕栏，也有室内分隔的垂花木栅；而挂落则更多适用于室外，如连廊、门外。图6-18虽是室外，但其感觉却更加趋同于床边垂纹，这里则定义其为室外飞罩。

挂落和飞罩的图案记忆并不深刻，多为一种花型、一种造型的平面排布板雕，立体构造整体观感也不强烈。这里的造型或有中西方相互融入的意味，因为有了幔帐的挂落就有了层次感，有佛教寺院的意味，也有了垂花门的垂柱，或又是花轿上的围栏，任你随想，但同时又见到了罗马柱，让西方建筑的观感变得强烈起来。

不只是正面这一种平面板状雕刻，同时也引入另外一种建筑元素，那就是侧边的"雀替"，后文的四合院章节还会有介绍，那是设于门口比较典型的案例，这里则有些模仿的影子，出现在阳台。雀替与飞罩、挂落的区别为：整板不受力的装饰构件变为了可支撑部分荷载的构件，因可见到存有大截面木料进行了斜撑。与后文的垂花门仔细对比，会发现从垂花柱到雀替都是那么接近，该出于同一体系，让我想起了故宫的大型宫殿构件，根或在那里。

有些事确实非常让人费解，有些地方只剩了地板，仍然固定墙面的木质结构可以断定之前也有华盖和围栏，有图6-17佐证。但图中的前围栏却也看不到，则让人为之怀疑，模糊不见的榫卯孔洞或是已经湮灭，让这阳台丧失了使用价值，这并非今日，而是很久之前。留下的框架风雨飘摇，令人惋惜，但仍可见昨日依稀之美。

如果说这是一种江南民风的引入，那么里弄文化就太过于丰富，西方、江浙、徽派、两广、福建都融汇于此，不得不说价值了得。作为传统建筑，无论是国内的还是西方的，这一时段都是最后也是十分美好的一段，融合多、经典多。随着工业化的加速和二战的结束，这一切都快速成为历史，但经过几千年的积淀，这也成为这部分历史的十分难能可贵之处。

第十三节　元宝形瓦构造

南方北方所见甚多者合瓦，即阴瓦与阳瓦搭在一起。有半圆、扁圆、紧凑的二分之一处搭接、宽泛的四分之一处搭接，见者虽众，但不能忘记眼前的这种做法，作为重要的第三种出现，就是这种元宝形瓦构造（图6-18）。其实这种瓦当在东沟章节已经有过介绍，本以为可以验证这铺瓦类型的引入区域为江南风格，结果越走越发现其适用范围之广，这里只能继续深入猜测，后文会有最终答案。

不断重复一件事情如非因为它的重要，则是因为它在变化，这里则两点皆有。这也是宽泛型江南的瓦片搭接，不同之处只是阳瓦与阴瓦不再相接，阴瓦脊处堆砌着白灰，白灰即是古代的水泥，所以有强度、有黏性，可以固定阳瓦，且形成一种倒梯形断面，高度约为10厘米。其实这里也有我十分费解之处，那就是整体的断面更像是棺形，对于十分看重吉祥寓意的江南地带确实容易歧义。后来再看，其实是因为水泥的堆台日渐增高，所以形态越来越引发歧义。这外形差异在不同时点、不同地点都在发生着变化。同样的一件事因地域文化差距甚大，看法也会截

图6-18　元宝形瓦

然不同，在当地可能真是越高越吉利。

　　白灰的堆砌高度不断升高，让网面的雨水泄流通道更宽裕。也正是因为白灰跺的加入增加了杀菌和消毒的效果，与艾草一样。白灰不仅是杀菌消毒的好物也有民间辟邪之说法。

　　背后的老虎窗其实同样是老上海一景。由于二层房间多没有良好的采光条件，也就让老虎窗成为斜屋脊的特色。错落并无序，小的仅是一面玻璃，大的也仅可以盛下对开的窗户，映上一点蓝天，或是局促生活中那点夜上海的霓虹，或是日光下的风轻云淡。很多人曾说老虎窗是上海里弄建筑的标志，最早我不信，因为老虎窗哪里都有，现在我理解了这种说法的原因，因为这样的窗户承载的其实是那些蜗居生活中的希

图6-19　海派建筑的多样形式

望,有天空的地方总有远方,有远方的地方就会有诗有梦想,希望,何不是建筑中最令人振奋的部分。

两处"绿叶建筑"不得不说(图6-19),其中一处是江浙民居。最早这些区域都是租界区,1921年后来自他处的富商涌入,让西式民居与中式民居有了交错和融合,更各自展示着自己的特色。西方民居高过中式民房半头,可能是那个时代地位的必然造就。过了多年,大家却也都是一样的破旧:西方老妇人杂乱中仍然勉强维持着外面的堂皇,倒也清素,只是有些荒凉;中国老太太瓦片有斑白、有乌色,交杂搭配,仍然如同当年黑白分明的特质,与时光抢夺着时下的荣耀。越是久远,越是黑白交融,慢慢渗透,慢慢成为一种山水,中式建筑之美也渐渐显露。

西方电影看得多了,再去对比东方文化,就会觉出差异其实是根植在基因中的。西方从建筑到人文都十分大条,却因骨子里的缺陷无法培养出细腻,所以无论建筑多宏伟细节上和巧妙性都偏弱;而东方建筑则充分展现了人性格的细腻,无论榫卯还是斗栱,似乎一直都在用最小的受力去完成最大的挑战,直至极致,每个建筑节点都充满了情感。没有好坏之说,但作为东方人,内心的细腻常让我可以体验更细致温柔的感觉,这一点很值得骄傲。

第十四节 窗户中的记忆

记录过很多窗,但是上海的窗却有自身的特点(图6-20)。首先窗的高宽比小,北方多见八格窗孔,这里则可见十二格窗孔,窗格比较密集,单扇的窗总是窄条模样,窗影绰约,也是与之般配的风景。

窗户的固定很特别,窗框设有凸轨和凹槽,凹槽为剔凿出来的孔洞,凸轨则是成品,但需在窗框同样剔槽出孔洞把成品插入,或用木工胶水粘合,仍有不同材的痕迹可见。木质凸轨为圆滑的慢T形,根据双扇

图6-20　上海的窗

及单扇设转孔两个或一个，设于窗框外，插入直角铁质转轴杆，铁转轴一端固定于窗扇之上，目测是铁棍锚入或螺栓拧入。另外垂直的一端则穿过T柱形成一个传动轴，孔洞则同时成为固定轴，上下皆为如此设计，各有一处。中间窗扇的T柱为两转轴共用，故尺寸较大，边T柱因仅固定单扇窗户而插入一根转轴，尺寸自然有所减小，变为半圆形。

窗户形状与我们常见的也有所不同，阳角端竖向窗支并没有封口，而是向上伸出的一小截，左右亦同，是欧式建筑窗常见的做法。关闭窗户后支出端正好入槽，凹槽相对偏大，对于类似脚大鞋小的情况不会出现。由于不设合页，所以一扇窗户上有了这么三点固定，会让窗户另样稳定。

回头整体来看这样设计是存在优越性的。成排的窗户扇面这么多，因为没有窗间立柱，合页并不好使用，其实像极了古建中成排的格栅窗，或是一种近代的进化，不得而知，必有关联。同样因为没有了立柱的设置，反而节约了很大空间，增加了开窗比，让玻璃的面积做到了最极致，窗高的增加也让采光得以大幅改善。夹缝中求发展，这设计着实合理。

第十五节 拱券

前文记录过很多西方民居，但因有些东西方的建筑共同点，这里有所相似，故可以拿来记录（图6-21）。如镬耳山墙是岭南传统民居的代表形式，因其山墙状似镬耳，故称镬耳山墙。镬为锅的意思，形状也亦同，其与本图建筑物顶有所相似，只是更为凸出，有了竖向段，一个凸出的包。

那岭南建筑又怎么和西方建筑扯上关联呢？确实只是因为外形接近，都是一种拱券的再演绎。可以说西方这个"锅"稍微有点扁平，所以更多平底"锅"。当然这是玩笑，但这两种拱券之间有何关联？与西方建筑引入中国是否有所关联？如没有关联，那为何镬耳山墙会出现在沿海地区。该也是一种基于建筑根系的猜测。

西方建筑的拱券应用很多，建筑正面的拱券很常见，如意大利教堂之类的正立面。侧立面则有拱形窗体砌筑，这房子拱券即是如此，有屋顶，顶部的慢坡形拱券常见于教堂；有窗眉，是月牙眉的拱形堆砌；

图6-21　随处可见的西洋民居

有圆窗，整体由内外凸，逐层内收；有门楣，是拱形门头，多处可见拱券；也有窗下板，仅作为装饰，波浪中也有圆弧。

19世纪时西方建筑中的砖砌体并不多见，石砌建筑更多，而将西方建筑技艺与中国的灰砖砌体相搭配，才让我觉出其中的不同之处。近代西方民居作为一种建筑舶来产物，如今在中国各地仍为一景，多见于清末民初的教堂，均保存良好，可见证历史，这是建筑发生质变的一个关键时点。

第十六节　天井下的花纹

前文有介绍过建筑纹理，作为海派建筑中最为常见的一种纹理，这里仍需介绍（图6-22）。天井之内流露出阳光，正好上方有一面老虎

225

第六章　黄浦江边的里弄：何尝不震撼

图6-22　天井纹饰

窗，木质栏板保存完整，雨水浸泡后愈发泛白。光线刚刚好，慢慢在侧边转暗，多看一眼就发现了下方如腰线般的纹理断层。

须弥座其实不只运用于建筑基础、碑座等，类似使用之处是很多的，其两个最典型的特点这里都有，一个是最常见的莲花环抱形态，另一个有腰线收口。这里亦如此，虽然只是围栏，一圈莲花环抱着上方天井，有着信仰之寓意；这仿腰线设有多层，从下变窄有收口，中间层设隔板线后，其下层是仿蝴蝶瓦（阴阳瓦）的木刻雕饰，也是一环扣一环，有着团圆、联系、沟通、圆满等寓意；再下层有所脱落，看得不够清晰，似乎是浪花，也似乎是一种翼展的形象。

建筑中的秘密太多，但却是人类社会在发展中所遇到困难、得到经验的一种表达和记录。采用的次数越多，设置的位置越多，则其背后的故事必然越多，或是给过我们惩教，或是给过我们巨大的帮助，但意义都一定重大。在这一段腰线上能够完全得以展示，可见信仰、团结、经验在建筑中的留存，比书籍还直接深刻，能够记录下来是我的欣慰，如果读者能够通过这些文字有所觉悟，那更是我的荣幸。

第十七节　洪三家的砖

电视剧《远大前程》中曾有过洪三的角色，虽然我自己并不关注电视剧，但因为这块砖（图6-23），还是让我对旧上海的实业救国动容。

看到这里确认洪三确有其人，在当时且拥有砖厂，并非寥寥草民。但查阅相关资料，并无此人或此店的一点记录，仅有此一部电视剧。有人也说洪三就是指杜月笙，但都没有科学依据，就此作罢。作为时光记忆，固然网络不能全部记载，但还有建筑用泥巴记录着一个卓越砖厂的曾经。砖厂的后人如能够触摸，定会有隔世来看的感觉。

不知当年电视剧原著作者是否与我经过同样的路，对此情此景有所触动，才有了影片中的名字和内容，也许真是如此。砖上标有炉厂的标牌，我上一次看到还是在北京天坛的园内墙体上刻有砖体工匠的名字。未曾想一下就穿越了好几百年，没有成为劣质的证据，反倒成为荣耀。上海同样的例子我也并没有找到第二件。

需要注意这并非仅是一家砖厂产品，除了"洪三"的标签清晰可见，另外的一个铭牌也存在，但有些模糊，或是另外一个批次，但更可能是另外一个炉厂的产品。可见质量的重要性，即便只是标牌，质量牢靠也是百年后的荣耀和品质象征，此处致敬中国早期的实业家们，爱国从来不该停留于表面，默默实干，拿出真水准做出好产品，才能经得起时光的考验，如此砖、如此砌筑。

这种砖之所以少见，也与长度模数与当时多数的砖头并不相同有关，顺头与丁头更像标准两倍的关系，且长度都不常规。砌筑方式则是十分典型的梅花丁式，砌筑方式多出现于现代，为一直到今天的建筑主流砌筑技法，这一点很重要。因为这是一栋楼房，保护良好但绝对古朴、历史悠久，可证明这种砌法引进中国的时期或较早，或是从此时开始被创造，这是重要的猜想结论。

第十八节　长春大旅社旁的套门

很多东西并非前人一定有述，洪三的砖如此，这套门也是如此

图6-23　洪三家的砖

（图6-24）。我走过的地方并没有看到第二家，只能用其他建筑定位一下。隔壁是长春大旅社，现如今已是出租民居的纷杂场所，但门头阳刻的几个店面大字却遮挡不住曾经的功能，不曾损坏，容易辨识，车水马龙总可让我们轻易回到当年。且面对面的两座旅店变化都不大，百年间

图6-24　上海套门

只是增加落灰，时光快进，慢慢成为黝黑色，狭窄走道昏暗安静，已经没有了人。想不出曾经沧海、客人如织，如今蒸发飞散，灰尘寂静，却显得十分健全，仍可使用，时光在建筑上雕刻的只是健硕的痕迹，只有人的存在可以改变它，也只有人的存在可以毁灭它，但它对于人们的遗忘和冷落却浑不在意。

外表形象让我想起了地中海拱形门美式田园牛仔门，有罗马柱的格栅装饰，有流线形的立柱，且是半扇，不同处在于只可外开，且有门锁。功能上最接近于现代的防盗门，有锁，有一定的高度，罗马柱的格栅也似乎有点防护意味。但是这个高度只能防君子，对于小偷意义不大，但如要进入内层门，这层门还是需要暴力拆解，两者的作用该是结合。

门内则更应像是帘架，就是附在隔栅门或槛窗上挂门帘用的架子，所以这个并不典型的套门功能上该更接近帘架。从地域的特点分析，江南地区潮湿闷热多蚊蝇，应该更加一致。

这门的特殊之处来自住户大哥的介绍，难得有人愿意热情介绍建筑本身。城市越大人似乎越是冷漠，没有了那些村镇中的热情。寻觅建筑的过程中，总是担心会被轰出去。很多门上都贴着"私宅莫入"，也能理解，换我也会烦被打扰。这屋主很有意思，我和他说明来意之后并没有冷淡，告诉我这门即便在上海也是少见的，祖屋就有，并非后设，他的祖上也一直认真保护和对待，但其他并不能说清学名。当然我也并没有轻易相信，因为门锁并非70年前的式样，而是最近几十年的样子，且款式并非石库门。但这种木质套门的做法仍然罕见，有温婉，有距离，确是中式建筑中的合理距离之寓意，无须多言，想想也美。

第十九节 时代的缩影：漏窗

漏窗并非今日才有，古代木质及石质结构的漏窗均不少见，多边形居多，园林中非常多见，内部有栅格孔洞，却不能开启。漏窗主要的作用是沟通内外风景，尤其是从内侧看向外部有光线的场所，效果更为明显。通过漏窗我们可以看到另一边的景色，有纱的效果，也有前文距离之感，可远观而不可亵玩焉。

漏窗大多背倚多姿多彩的景色，但这本身需要一个几何规则的画框才更加匹配，漏窗因此而诞生，可视作相框的存在，其本身就是优美的剪影。多有六边形、五边形、八边形，也有其他不规则形状。在中国建筑对称文化的背景之下，这样的复杂才显得更为特别。这也就是为什么一个并无背景的漏窗，反倒让我触动更多的原因，因为引人侧目。

水泥漏窗是一个短暂的时代产物（图6-25），因为这种技法更像是中国传统的与前苏联盒子楼的一种结合体，那时候的楼体规整，多为盒子楼，楼梯间多露天，不设外窗，如果有采光或是美化的要求时，则会设这种水泥漏窗。没有了楼梯玻璃窗，简化了楼梯间的通风要求，也省却了加压送风的系统，其实合理。所以并非繁琐的现代化的设备才是好的设计，其实简单即为合理。

抬头一瞟，先看到的是这六角形的漏窗。没有现代的防盗门，这是一栋已经废弃的居民楼，能有漏窗，验证着它的年限该是百年之内。黑洞洞的楼梯间延伸着记忆，我被诱导着拾阶而上，四边安静，并没有太多杂物。到了漏窗的位置停了下来，还有被人遗弃的奶瓶透露着曾经的生活气息。光线透进来得刚刚好，外面里弄风景清晰但又不累赘，光晕只能照着我的脸，也刚好把地面打成微亮，有种总是晒不干的感觉，但符合上海的特点。这让我想起"上海屋檐下"，阴雨不干，但是温存连连。

第二十节　即将消失的石库门头

石库门太多，数不胜数，但这几种石库门还是拿出来罗列下，因为

图6-25 漏窗外观

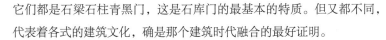

它们都是石梁石柱青黑门，这是石库门的最基本的特质。但又都不同，代表着各式的建筑文化，确是那个建筑时代融合的最好证明。

最好的国内文化，涌入外滩的各地富豪，带来的是江浙的建筑文化。虽然也是水泥门头（图6-26），但是门上有了楹联，是带有家训的中国文化的建筑。"和气致祥"，如果没有经过这次的大疫情，我对于家和吉祥就不会有太多的感触。经历后才知道，一家人能够守在一起，一团和气、相互鼓励，安慰的作用方可凸显。家庭如此，国家也是如此，楹联的作用就在这时顿然觉悟。写作时的状态仍然不乐观，但国人对于美好的希望从未停止，也没有停止努力，这或是这个国家能够一直前行的原因。

说完东方，则是西方。第二道石库门（图6-27）是标准欧式建筑，罗马式立柱、哥特式小尖顶、西式浮雕。因西方浮雕多高低更为错落，所以会形成更为明显的光影，让整个大门显得深沉庄重，但整体来看却是巴洛克建筑风格。巴洛克风格是18—19世纪西方主流建筑形态，西方建筑那时也走过了融合与改变阶段，在这个时点成为一种相对稳定的后古典风格，之后就进入了现代建筑体系。

这里的重点则是老上海石库门的另一个重要特色，那就是"1926"，在上海的老房子中，只要是西式建筑，多会在门头上雕刻一个年代标志，当为建造年代示意，但很奇怪能看到的多是"1926"。也许并非偶然，因为1926—1931年是租界区最为繁荣的时期，随着国内战乱的升级，富商名流涌入租界。

第三道石库门则相当精彩（图6-28），很多人都为之驻足拍摄。这是一栋西式建筑的中式表达，是以砖砌结构实现西式建筑纹样的形式，前文也有类似的形态介绍，但不如这精致，唯一可惜，已经缺失了很多部分。红砖的使用在当时并不普遍，可以看到门柱两侧其实还是青砖，甚至立柱上端脱落的白灰构件之下都是青砖。故这种红砖的采用当为有计划的故意设计，正是如此，才让这红色的砌柱变得格外显眼。

第六章　黄浦江边的里弄：何尝不震撼

233

图6-26 石库门头一

图6-27 石库门头二

图6-28　石库门头三

砌筑的技法却与国内的砖雕并不相同，从两个立柱的环形装饰件即可见，那是用砖一点点切削而成，而非构件，这种工艺高手泥瓦匠也怵头。但效果也确实卓著，随着时光雕刻，每一块都老化程度不同，而变成真正的斑驳则是构件所无法完成的工艺，也是验证其为砌筑的证据。可惜看不到拆毁时的样子，我很想知道这环后面是不是预留孔洞，长头朝外，形成的外凸造型，可能如此吧。立面之上同样有处理，水泥留痕分界左右部分，显示出了高低错落。应是有特制的砖体参与了砌筑才让表面会存有不同的落差，层次感凸显，这也是让人记忆深刻的地方。

顶部造型为拱券型，可以理解为西式建筑，尽管西方人不讲究楹联，却还是给我们留出了楹联的位置，必然是中西合璧的家庭。虽因为砖环的存在让其不能贯通，但门上方楹联横批位置可推断之前定有楹语，那么该是有意而为之的去除。不了解时代中发生了什么，建筑原来也可以被如此涂抹，但相信那话也定醒人。

第二十一节　斑驳特写

有些尊贵通过时间的擦拭之后，只会变得更加明显，这里展示的就是如此，无论是门把手或门窗风钩，都更加匹配上海的风度。

即便是木材已经发白裂痕，油光发亮的圆门把手（图6-29），人手均匀摩擦后的漫反射却很难实现。因电镀的只是光亮，人手磨出来的亮光才是证明着历久弥新，弥漫着当下仍有的生活气息。早期的房门钥匙与我们现在的不同，并不复杂，长柄，仅是前端才有钥匙齿，简单却充满艺术感，一侧的眼孔印证钥匙的模样。如下已经极为少见，如还存在，那么这钥匙可能该成为了一种信物，流传在这个喧嚣的当下作为隔代的传承，或是一种建筑信仰，更是一种家风涌流。

而那门窗风钩（图6-30）前文已经介绍过，这个更为精致，因为出

图6-29　圆门把手

处并非常人家庭。这张拍摄于洛克菲勒公馆，曾经的世界首富在中国的家宅，据说他本人并未居住过，但是房屋的整体质量及工艺考究亦不用多言，仅是一个窗户即可证明。门窗风钩及插销均为铜制，粗细足量，窗内嵌玻璃并非我儿时的钉子固定工艺，也无刺鼻的腻子味道，玻璃里外都设木框。不要小看这一点，那时候并非常人家才能够做到这一点。其实在之后的几十年也多有用腻子来固定玻璃，但真正标准的、不会被风化的工艺，其实在这里。

　　如今坐在这里安静吃了一顿大餐，有些小小激动，但仍然不敢大声喧哗，肆意妄为。这或是建筑本身的一种气质吧，是与生俱来的品质和贵族气质。优秀或是主要节点控制好即可成为，经典却是需要在每个细节中打造，从一开始就需要用心表达，否则无法经历时间考验，如要有标准，这栋老楼就是证明。

图6-30　美式风钩

第二十二节　围挡背后

　　我愿意去那看那些常人已经抛弃的场所，尤其是建筑类的，可能我是生活在过去的一个新生代人，或是我有往生没有了却的建筑情仇，当然这都是玩笑。只是每每看到建筑废墟，总让我心生感慨也怜意浓浓。如果说本书中我最喜欢的一章，那定非上海莫属，因为我一直认为她属于红尘中那朵触不及的白玫瑰，妩媚又高贵。直到走完这里，我才发觉她的平易近人，有着光鲜外表之下所不为人知的艰辛，才懂为什么男人被称为上海小男人，原来每一个称谓的背后其实都是有原因有典故的，建筑为证。

　　这些围挡阻挡了进去的脚步，我尝试着寻找着各种门缝，但最终也还是如我所愿看到了所有建筑解剖的细节，十分值得也弥足珍贵，但它们终将还是要离我们而去，消失在浩瀚的历史长河中。

　　这次的疫情也让我觉出生命的尊严、可贵与人类的不屈，这也同样适用于建筑，才会有不停地发展，也是为什么会不停有建筑奇迹的原因。只是在过程中，我们是人，更是凡人，更多时候会跑得太快、跑得太急，忘记了初衷，忘记了建筑与人其实需要合二为一，与自然界和人相互依存并无不同。所以是时候停下来思考建筑的未来了，巨大的建筑垃圾就在眼前，巨大的资源浪费也已成为现实，只是巨大的灾难可能还尚未出现，但如果建筑的失衡继续发展，那么这个可怕的节点就离我们已经愈来愈近，是时候认真反省。

　　上海不知觉中来了又走，居然来过多次了，细数每个故事，才想起来每次的过往。在十几年前照相的地方重拍一张，发现自己变胖了不少，但是作为背景的外滩海关钟楼，却丝毫没有一点变化。看过一个又一个自己，也看过一个又一个路人，心生涟漪，如果我们想去珍惜这些不动的历史，建筑才是值得信任的记忆载体。

第七章 皇城根下：

依稀四合院

从没有想过来写北京城，因为这是皇城，与民居似乎有些远，也因为如此，在已经过去的生命中，来来往往却从不停歇，后来亦变成了工作的城市，一晃就是十几年，但还是茫茫然，一无所知于城市的内涵。但行动上实际并非如此，来看这里的老房子，曾是我来到这里工作的初衷，只是从没想过付诸笔端。

回到十几年前，初次来到这个城市工作，白天的工作之余，夜间并无他事，考察北京的胡同就成了那时的一个任务。约用了两年，走了多数胡同，但可惜那时没有好的拍照手机，虽有相机，但对于骑车而言并不方便，我也不舍得买一个好用的卡片机，淘得二手相机一个，效果堪称灾难。傍晚行走，很快天黑，故多是夜景，奇怪的是，自己却安于接纳，这或是我难出经典的性格原因。两年的成果付之东流，这是在《消失的民居记忆Ⅱ》之前的故事，不曾想到后来自己写成了《消失的民居记忆Ⅱ》一书。再后来自己又焦虑了，走不了远道，心存忌惮，一边心动一边却无法行动，无奈下想起了北京城，重新翻翻过去的照片，从今天视角，更是不堪入目。

但是，并非没有收获，原本以为我曾走过的地方，在过去的十几年中已经荡然无存，心存后悔，听着这个拆除、那个消失。如今打开手机地图看看，惊人地发现，曾走过的地方多居然依在，城市的保护其实还是存在的。并且因为照片的存在能够留有印象，这一点比什么都没有要幸运得多。做过第一次的事第二次总是简单许多，基于这样的想法，也有了这样的条件，终于再次重游一遍。那时候没有目的，办公楼、旧宫廷、皇家王府走得杂乱，这次则重点清晰，仅是民居，轻车熟路，唯一可惜的是：保存好的四合院我并没有能够再拍到，当然还有，但已经粉饰一新，或是已成私家大院，闲人免入。

但这一点其实并不重要，因为真实的市井生活总是敞开着胸怀，并不拒绝闲人，因其就是闲人散居之处。那个时代如此，这个时代亦同，不能接纳于我的也是我没有必要去探寻的，可能有精彩的建筑，但却没有了有趣的灵魂，顺其自然就好。所以我并不觉得有什么失落，我能够看到的场景那就是真实的场景，真实的破败，远比劣质油漆涂抹更动人心魄。

【卷首语：相逢却是曾相识】

第一节　垂花门

从垂花门开始（图7-1）。北京的门有很多种，广亮大门、金柱大门、蛮子门、如意门、墙垣式门等，最普遍的一种是墙垣式门，而最霸气的就是眼前这种垂花门。此门在民居中其实不多见，我认为其是在中国建筑门文化中最震撼也是故事最多的一种，该并无争议，必须要拿来展示。

垂花柱多纤细而婉约，设于连廊下角，门上或也有。最为经典的垂花门在北京。如图所示，一览无遗其霸气，垂花柱为其典型特色，即为垂花门外侧门角麻叶梁头上的两根悬空倒垂的短柱向下凸出，最常见造型为莲瓣、仙人、花云，形状多为倒置，却有一种反向看待世界的意味。或圆柱体或立方体，常见于四合院及佛教殿堂。

垂花门整体的规格虽也分单门楼及双门楼两种，雍容的则是双门楼的设计，前文已经见过不同的套门，但对比双层门楼，都不在一个档

图7-1　垂花门

次。可以说卷棚是北京民居最为明显的特点，而双门楼垂花门的梁架结构则采用四檩卷棚形式，更为少见。说得简单一点就是，建筑物的漫卷屋顶连着两道门楼，并不分离。后门为屏风门，平时并不开启，其作用与屏风、影壁、罩墙其实一样，均体现了中式建筑中最为重视的风水学。古人讲究院落正面常不能予以示人，准确来说可能给君子看看倒也无妨。世间其实并无鬼，人太坏了可能就被当成鬼，所以很多时候低调慎行、谨慎内敛成了中国人家训之第一要点，建筑中有直接体现，但国人贪吃好玩爱炫耀却更为多见，这直接导致了另外的一句名言："富不过三代"，甚至多年来都难于辩驳。可能建筑中的隐喻还是不够深刻，或家风总难于在教育中被固化下来，无论如何，这里，我再次给它加强一次。

　　屏风门只有大的节日庆典之时才会被打开，平时行走的是两边连廊偏门，图中只是单门楼的做法，一闪而过仍然可见门楼内侧的偏房。如为双门楼，该位置则为偏门，屏风门常闭，无法看透后面的风景。但每个读者或许都可以意会，这种园林造型其实相当熟悉，如苏州园林，也就是两侧偏门后多设有顶的对称连廊，有情调、可停留，中间设有栏台水榭等。园林中前后院落之间干道还是存在的，毕竟那是大道。但因无法看到后边园林，后面的伊人也无法看到外面的世界，也就有了另外一句名言："大门不迈，二门不出"，就是指这两道门。如今的女子早就可以远赴大洋彼岸，时代已经蹉跎。

　　详解大门，正面檐檩条下为花板及折柱，图如其名，其实也是一种花罩，可见板上有花，花的部分被称为花板，而花间小的实心竖板则被称为折柱。与檩垂直的为麻叶梁头，标准的形态就是端头为祥云，也是垂花柱的重要特点。图中的大祥云尤其明显突兀，麻叶梁下方则是麻叶穿枋，截面小了许多，同样出头也有祥云，只是小了许多，二者合力用最佳的受力方式支撑，固定起垂花柱。

　　骑马雀替这里也一并说了吧，雀替作为重要的古建节点其用在门端。一直找不到合适的图片，不料这次被撞得一个满怀，恰到好处。雀替是两柱之间、梁下或是枋下的辅助受力构件，辅助的对象就是其上的梁或枋，受力是其与飞罩及挂落的最主要区别，承重及设置点均不同，所以普通民居类其实并不多见。而骑马雀替则更加少见，看图可知其如翻过来的马鞍形状，或是最易记忆的雀替。

第二节　卷棚顶

卷棚顶（图7-2、图7-3）所见的介绍文献，其实对于最早出处的描述并不多，可认为南北方皆有此种建筑类型，并没有明显的地区特质。但当走过大江南北之后，会认为这是四合院最标准的屋顶形式，即便他处再有也并不普遍，或为京城游走他乡之人带去的产物。

也有观点认为卷棚顶更多用于官宦人家，其实这说法不大准确，正是因为在北京的民房大多数采用了卷棚顶，而北京最近的几个朝代均是政治中心，能够居于紫禁城周边的民房多非官即商，所以认为此代表官宦家庭的建筑或是充分条件，但该不是必要条件。官宦或愿意采用这种屋顶形式，但其他居民更愿去模仿官宦建筑，所以风格也是一种传染性习惯，最后却成为京城民居的主流。

这里只是讲民居，所以庑殿顶及歇山顶以前未讲述，而硬山顶则在《消失的民居记忆》中多有介绍，为最常见的民居屋顶形态，是一屋脊四垂脊的构造。庑殿顶及歇山顶则不见于民居建筑，因为等级差别故而民间多不可用，明清都是如此。庑殿顶同为五脊，只是屋脊稍短，四条垂脊要长更斜，可以营造出宏伟的气势，尤其重檐之后，演变成为最高等级的建筑物，北京有太和殿示例。歇山顶则为九脊，只是建筑规模变大后，顶上四条垂脊屋顶在半截处终止，再向外伸出四条戗脊，两脊交叉处出现三角形的区域，设置图案为山花，又被称为山花板，北京有

图7-2 卷棚顶侧面一

图7-3 卷棚顶侧面二

保和殿为示例。等级区分为重檐庑殿顶＞重檐歇山顶＞单檐庑殿顶＞单檐歇山顶，但都与民居无关，卷棚顶据说排名第七。

　　经过介绍就知道，卷棚建筑风格与紫禁城内部的飞檐翘角还是有很大差别的，虽然距离很近，这或是皇权前的臣服，或是因等级限制。其特点同样低调许多，线条流畅、风格平缓，多了很多阴柔的味道。除了民居也多用于园林建筑，在紫禁城内其实也有，还真是多用于太监、宫女等所居的偏房，或因此，卷棚顶才流传在京城，后又从皇城内到了皇城外。

　　卷棚顶同为双脊坡屋顶（图7-4），最鲜明的特点为两坡相交处不再有明显的屋脊，其上由弧形瓦遮盖，漫过屋顶，两边续接直板的筒

图7-4　卷棚顶内部结构

瓦，垄屋面成弧形的曲面卷棚，即为命名的原因。而顶下可见为三檩条布置，其上设置月梁，这也是月梁最常用到的地方，拱形如月，恰如其名。月梁上方为顶椽，这类椽条也被称为"罗锅椽"，檩条两端则分别顶着"罗锅椽"和两侧"花架椽"，正是因为如此内部构造才形成了慢坡形的屋顶形态。

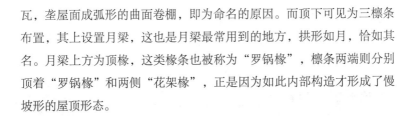

第三节 抬梁结构

本书快接近尾声，所有能够想到的建筑细节也都拿出来表达一遍，作为两大民居形式，穿斗结构与抬梁结构也该在这里进行终章结束性讲述。

穿斗结构在老上海的里弄建筑中算是有了一个较清晰的交代，而抬梁结构最经典的却在这里，如他处也有存在，那就是模仿了。原版我们终于看到，如果柱、梁、檩不够粗壮，确是不足以表达这种结构风格的真实力量，这也是为何有时候梁柱结构看着就成了穿斗结构，均是因为梁柱的截面不足所致，而典型的梁柱结构确实在楼宇殿堂中才能被展示得淋漓尽致，而非民居。

即便如此，北京四合院的梁柱仍然让人注目（图7-5），可以一览其雄壮之美。因为前文已经有了檩条下装设桁条的介绍，这里不再多说。屋内进深两边，主承重柱即为金柱，再外侧承重檐口部分柱为檐柱，两柱头上生抱头梁，梁上瓜柱，其上再生次梁，梁下生穿枋。如果费解，可理解为成井字紧固，枋头出祥云，则是梁柱结构的基本套路。檩条名称很多，简单认为功能性一致，其上设置椽条，檐椽条至屋檐处被檐板一封，下转接了飞椽，或圆或方。屋角如有斗栱，则檩下平行屋檐设挑干斜枋，挑于端头处即为昂，成尖角状，下成锐角，上方水平线，挑出端为耍头，同为祥云居多。焦点处如生花般出现了斗栱，有座有拱，各

图7-5　抱头梁示意

式演绎，眼花缭乱这即是中式建筑的文化精髓，相互纠结、相互牵扯，却又不能少了谁。

　　图7-6所示是一个民居中的极简博风板，在济南中亦曾见过，正好对比，同样少见，并非常规，只是证明了建筑地域上的传播。下午深秋暖阳，光线下温柔正好，一片蛛网挂灰在粗悍梁下，历历风尘也成了美。虽是无人在意的落灰角落，光线也不吝啬地单独描绘，这才是时光中悠闲的样子。配以朱红的大梁，秋风中最后的黄叶映衬，古钟安逸，已然看不出是谁涂抹了谁。红的梁橡似新染，悄然无声于喧嚣的胡同深处，那些爱恨过往都已如流水，那些恩怨是非谁还会记得，唯建筑的宽容，时光可证。

图7-6　偏房博风板

第四节　火灾后的解剖

　　解剖的节奏总是要彻底，在北京也是会如此（图7-7、图7-8），只是还是略出乎意料，因这样的火灾损毁看似已久，但现场却保存完好。无人清理，有些不可思议，直到本建筑入殓师到场才有幸解剖，算是收场。

　　与南方木质民居的火灾摧毁性状态比较，抬梁结构的火灾更多是独栋，多不扩散，与山墙侧设有墀头有关，另外也还是木料截面太大，并不易燃，即便是大火，躯干如是魁梧也多不能燃烧彻底。可想燃烧了很久，屋顶都已坍塌，侧梁只是身负一层鳞灰，不能伤到及里，主檩更只

图7-7　抬梁结构的火灾损毁一

图7-8　抬梁结构的火灾损毁二

是发灰，强健得让人尊敬，但却用最分明的颜色介绍了北京四合院抬梁结构之剖面。

下层梁为五架梁，上层梁为三架梁，均为学术名称，前文有述名称来历。两梁之间为瓜柱，五架梁通过其抬着三架梁，而三架梁上唯一的一根短柱则为脊瓜柱，支撑脊檩。檐口这里并没有展示，如有即是抱头梁部分，几部分合起来闭眼想象，完整展开，读者该会对抬梁结构的断面有一个相对直观的印象。

如图7-8则对因为烧毁的檩条坍塌和对山墙侧无法见到的脊檩，有了准确的表达，坍塌后的脊檩可见其两端为圆柱体，但为了固定于山墙，檩条下设垫板，相对应于已经漆黑的脊瓜柱上透露出的凹槽，大约可想为垫板固定于内，却证明了一个重要节点——梁檩与柱之间的榫卯做法：柱上开卯即榫洞，梁檩上出榫头插入榫洞。

檩条与椽条的固定方式也是一目了然，椽条端头削成平角，便于匹配屋顶毡层，该还是卷曲顶。铁铆钉还趔趔地摁在上面，倒也清楚，古建并非哪里都是榫卯，铁铆钉于民居中的运用亦有几百年的历史，只是之后才有了铁钉。

第五节　山墙侧墀头

济南、上海两章均已对门侧墀头反复进行了介绍，但在山墙侧的墀头（图7-9）才是其本初，是建筑中的重要节点。与徽派建筑的马头墙一样，作用同为防火、遮挡、泄流雨水等，南北方之间的交融才有了形式上的变化，但又留存了功能上的相似。

对比楹联来说，墀头更是一种固化的文化表达，相对婉转间接一些，多用浮雕或是浮雕砖，均是主人的家训或是做人理念。相对于传统文化当今的我们丢失太多，要不然也不会被日本人怀疑当今的中国人是

图7-9　山墙侧墀头

不是古代中国人的后裔。话虽难听但却是忠言，是一种必要的自我反省，毕竟中国文化的载体，如文字和建筑、中医，我们保存得都并不算太好，消失的也多。钱穆先生说过，我们这个民族越是在危机的时刻，越是能够体现出强大的凝聚力，或是因着这个信仰，所以面对疫情总能够爆发出我们觉悟的态度，但面对真实要消失的民居确实容易被人遗忘，其实一样，建筑的内核同样是文化，无根者难存，根浅者难高。

　　图7-9也算是我专门寻到的，证明了墀头设于正房也会设于偏房，因此之前多建于正房及大门。砌筑的角度来看，营造法式中分为下碱、上身、稍子等三部分，但是到了民居中变化太大，不好界定。下碱是檐口最下侧处，会采用稍薄的定制砖，因是定制，朝外面会为不循环的独立花纹，多为蔓藤枝丫类；其上第二层为上身，会选用稍厚的特型砖，有

一定的弧度，给其曲线上以变换，有了层次；之上连续凸出两皮砖，各伸出少许，外贴造型窄贴片，因为是贴片类故循环状的花纹居多，如回字花纹或是波纹等；再上的数块砖砌筑时仍微微外凸，为稍子，形成一定外倾角，因下方有凸出小台正好可立放一匹方砖，其多为空白，但面积最大，空白砖面上须挂灰再贴造型贴片，此贴片与空白砖大小一致，为主要花型，可为各种造型、图案、典故等。

　　图中如不是跌落损毁，其实并看不出构造，也正是因为有了破坏，所以介绍起来一览无遗，秘密也就揭示在了外面。两墀头相互依偎对望，封了院角，也遮盖了时光下的阴凉，犄角旮旯总是儿时的庇护所，顽童的影子清晰又模糊，就这样过了一代又一代。

第六节　从门头开始

　　介绍完主体建筑开始展示院落构造，从门开始，依然还是墀头。关于门的部分在济南章节已经介绍得够细，也比较经典。老北京四合院前有垂花门的点缀，已经窥见了巅峰，但最普遍的还是墙垣式门，即墙上直接留出门洞，不再有各样的门套及木柱门楼，同样也是中国北方民居中最为常见的式样。

　　摘了几幅图（图7-10、图7-11、图7-12），都不够经典和壮观，但却平实，是最为普通的民居，不繁琐地展示墀头的花式，一目了然，如有宫灯，也有牡丹。古建筑中的"福"常用蝙蝠来代替，是警示暗喻，不敢忘却敬畏；"禄"由梅花鹿来比喻，为谐音；而"寿"则多为仙鹤与南极仙翁，因仙翁高寿故而往往放在一起，而图中也是恰好如此搭配；"喜"则多由鸳鸯、喜鹊表现。而植物方面，则多是梅兰竹菊，牡丹也有，寓意富贵，梅更多表达一种不惧困难的气节；兰为深谷幽兰，有孤芳自赏的意味，不入俗套，不卷入纷争；竹则虚心挺拔，寓意谦虚，但

图7-10　四合院门头一

图7-11　四合院门头二

图7-12　四合院门头三

有力度，也有高度；菊可解毒去火，为平凡中的不平庸，多象征高洁，释然于纷繁。当下人多以发财为目的，其实该有所惭愧，既是文化的残缺也是品德的低陋。对于几种植物的理解或每个人心中都有自己的答案。图中有菊花纹样门楼，可想家训为坚守品质之意，至少在漫长的时光那一端，我们用建筑表达了自我的坚持。

　　下面还有一个门头，什么墀头图案也没有，拿来只是因为隐隐看到"迎风板"上的印记。迎风板为上槛及中槛中间的那块横板，多为空白，这里则有些痕迹，或是曾经的四字横联。门上做楹联是老北京风格。记载为粘覆麻线，刮抹腻子，之上反复刷漆，漆好后撤去麻线腻子留下空位，就是阴刻的味道，看不到一点刀痕。但是问题也来了，就是如图所示油漆会脱落，光线会腐蚀。当油漆不再，原先的楹联字迹也就变得稀疏，慢慢变淡，这也就是我们能够看到只是影子的原因，影影绰绰却无法辨认，也正好印证了这种工艺的优缺点。

北京的门很多有楹联，现在能够看到的却不多，这工艺就是一个主要原因。文物保护时，油漆工人是不会再有那份技艺和心思去考虑保护楹联的印记，多数就一并刷过，也就把秘密都埋藏在了下面。子不孝父之过，但家训的遗失却无法怪得了孩子，文化留存多少取决于整体文化水平的高低，这一点上我们需要走的路还很长，传统教育的传承和记录为其一环节，任重而道远。

第七节　影壁中的不同

介绍完建筑主体结构，开始展示院落构造。四合院作为一种建筑财富，其实说不清楚是被引入还是被别人借鉴引出，从南方的围屋、徽派的围廊、上海的里弄或山西的大院，都有一个共同点，那就是围起来。这既是一种安全感的感受，也是一种团圆围拢的情怀示意。有院子，有偏房，中式文化从南到北都讲究对称美学，讲究有主有次和风水，所以南方有了天井北方有了影壁，大同于其内，不同于细节。

所以影壁的成因仍是风水，或是不愿意露财，或是用来照妖。皇家的九龙壁，大户人家的影壁，最穷的放羊家门上也会放块圆镜子，道理都差不多。没有镜子的时代，比较光面的建筑物如照壁，作用都会被雷同沿袭。展开想象的空间，阳光下"小鬼"可以无外形却会有影子，影壁下无处遁形。尤其是夕阳，影壁更是让最后一缕光线都能够反射，既是温暖也是守护。

故影壁多设于四合院的入口后，步道侧的右边，即走过大门转角处，多面对西面的阳光。这或许是种偶然，但也该是建筑风水的严格要求，也有文献说是八卦中的巽位，该是类似道理。当然也有设于正对大门的情况，但需要注意该种情况南面多不临街，开不了院门，主屋同样面北朝南，则在北房的西边朝北开大门，其右侧面对东方而非西方，不能借得了夕阳，那影壁就直面大门，也是一种不错选择。这种院门的定位完全是受北方自然环境和古代建造房屋风水之说的影响。这种细节更是让我体会到人对于阳光的依赖和渴望，或它真的就是希望，是世间万物繁衍的根本，来自于温度的解释。但不管如何建筑中的那些讲究，如以前说的蝙蝠、现在的影壁，都该是某些因着科学道理而存在，必定也是一种生活经验、教训的现实反省，我们不能简单认为只是封建迷信，或可以思考，或能够让我们省去教训周折。

与蔚县的砖雕相比普通四合院的影壁简单了许多，专门选了破损的来看内部（图7-13），砌筑的技法相似，打底的都是面砖朝外，方便于贴造型贴片。壁心则是光面方砖，有造型图案的也少，多数就是空白，空白看似简单其实倒也朴素，功能直接了当。因缺少维护，破损后很多被后人多涂刷了水泥了事，只有那些损毁的局部才可看到白灰的存在，

图7-13 四合院影壁一

为原胶粘剂，可为断代之用，也甄别了过去与现在。

侧面可见其顶多为卷棚顶造型（图7-14），这也与北京民居的建筑风格相一致，与蔚县等地影壁也并不相同，蔚县影壁或因为离北京相对较远，所以规格不太受限，样式多样些，多为垂花柱等复杂的砖砌构造。这里则简化许多，檐脊同卷棚顶一样均不那么明显，十分低调。实体砌筑，真实铺瓦，有瓦当有滴水，再往下同样会有檐椽，略复杂的也会有飞椽示意，虽然都是模仿，但巧合之处在于都是方椽，我想只为砌筑方便倒也规整，毕竟圆形不好成形。

与佛教有关联则是重点（图7-15），北京多佛教寺院，宗教对建筑影响深厚，椽头多刻画佛教中吉祥海云相纹样，为顺方向，还有方椽头上雕刻福字纹样，"寿"字式样在中国非常多见，也是多与蝙蝠同时出现，为福寿双全之意。另外需要注意一点是椽条下面多有一排球状纹样，大小并不相同，可见是手工搓制加工，并非模具加工。这道工序看起来并不精致，一个个紧挨形似珠串，或仍与佛教有关。在北方砖砌影壁基础上增设佛教信物，该是四合院影壁的重要特点，也是建筑与宗教关联的一种体现。

第八节　挂落与花牙子

挂落与飞罩前已经说过室外与室内的区别，挂落与雀替则是受力与不受力的不同，雀替受力且是辅助受力，有功能性亦有厚度；但是挂落则是薄木片状，为不受力件，北方又称倒挂楣子（图7-16），固定于梁枋之下，以三边作边框，两边框的下端多做钩头形，内部以花纹式样居多，多是循环形、回字形、工字形，也是另类对称。四合院的挂落非常经典普遍，每家均有，式样多不同，高度接近，多为0.6~0.8米，如图7-16所示。常用镂空的木格或雕花板做成，为成品型；也可由细小的

图7-14　四合院影壁二

图7-15　四合院影壁三

图7-16 挂落

木条搭接而成，可为现场制作型，用以装饰。挂落在建筑中常见，主要的功能是让笨重的建筑变得灵透。用在这里可以多一层思考，因为其实际存在的意义并不大。屏风门亦同此理，其后就是影壁，虽然不能阻挡视线，却有一种分隔的示意。

两底端出三角形装饰件被称为花牙子（图7-17），同为棂条拼结而成，但对比上方挂落同为用木板雕刻而成，形如雀替，不过要比雀替轻巧得多，原因仍为不受力。图中为梅花攀檐而上，即便没有春的冬天和没有花的秋天，总会有生机和烂漫的花朵。定格的位置就是定格的心态，永远都是美丽，永远都在向上。

第九节 门当户对

图7-18中清晰可见挂落、影壁、大门三者的位置关系，大门后走道中部装设挂落，转角之处为影壁，而门上的门簪更是尤其明显。

门簪出现得很早，用来显示身份，所以才有了门当户对一说，传说门墩为门当，门簪则为户对。针对民居而言，普通人家为两颗，富贵人家才能是四颗，贵族则会有六颗以上。

门簪形状多为六角形，也有之上的再细化，如图的六角梅花形。数

量上多为偶数，符合中国人的对称美学，但也有三颗之类的奇数样式，
但不适用门簪的常规标准，并不正规。所以四合院中最常见的也就是两
颗及四颗这两种规格，门当户对基本也就是指两颗对两颗，四颗对四颗
的这个意味了。身份决定地位只是一说，内在则是告诫人们：身份决定
了世界观和价值观。这一点在今天仍然是真理，也是婚姻之中最为看
重的条件。荷尔蒙并不分门当户对，年轻时我也敬佩那些突破世俗的
爱情，无论圆满还是悲剧都让人动容。结婚二十年后，才觉得比恋爱更
难的其实还是婚姻，因为要过很久，所以门当户对是婚姻中最重要的
一点，过日子确实要有共同的价值观，灰姑娘只是故事，面对散去的荷
尔蒙和老去的容颜，婚姻会变得弱不禁风，一碰即碎。想想建筑中的指
引，现实而残酷，其实放眼望去才是长久的关爱，建筑如父母，教条但
也有礼数。

图7-18 蓝色门簪

门簪最早是用来锁合中槛（如果不存在迎风板等则为上槛）和连楹的木构件，中槛朝外，连楹在其后。它就像是一个大木销钉，将相关构件连接到一起，但随着时间的推移其功能性几无，变为一种身份的象征。如图中所示，背后其实多并不讲究，比较粗糙，并不规整，就是最简单的榫卯技艺。

门簪正面多是有雕刻的，也和家境多有关联，如没有雕刻则会有贴片贴在门簪上，贴片依旧是各种吉祥图案。但原始的力量反倒让人震撼，或已吹落于尘世，或本来就不存在，所有的祈愿经不住人世的变化就已尘归尘土归土了，只剩简洁沉稳的原始裸头，或才是力量和稳重的体现。如今已不分两颗还是四颗，吹落那些荣耀后，今天才看得出质量和风骨的印记，原来斑白的才是老去的态度，稳健而不觉憔悴。

第十节　四合院的胡同串子

　　走了很多院子，确实无法再回到十几年前的样子，当然那时就已不多见，只是总还可以混入，与主人四目相对时，目光迷离装傻还可，现在则是闭门羹啦。四合院不能看清楚的构造也恰恰很重要，是四合院与其他"围"字形院落的不同之处，而相同之处又太多。我们曾看到过蔚县几进几出的院落，这里也是一样，最少也是两进院落，当然也最多见。如前文所说的垂花门又会多有抄手游廊一说，但也还是两进，毕竟民居还是成排建造，所以彼此之间都是相仿。凡人百姓，也难于挤进京城，进城的，则按等级聚集居住，所以基础型在城根下是接近的。

　　而现在没有办法看到了，则也是因为这种格局所致，因有了二进的门，正好可以依据其前后加建房屋，所以整个四合院目前的状态十分拥挤（图7-19），多是变成了走道。因为随意，故多不直。二进的门多仍

图7-19　四合院内

然还存在，可能是基于不允许破坏主体的政府要求，但院落内部的配置就少了很多。我还记得老醇亲王府内那四棵树，有花池，站在院落的四角，树木也是建筑院落的基本配置，并非四合院独有。无独有偶，我儿时的院落也是如此，既是一种收获，也是一种生机，与西方建筑的草坪化多有不同。物质不够丰富的那时，这样的童趣更多实惠和期待。我依然清晰记得家里的海棠，由酸涩变为酸甜，由酸甜变为醇熟，到深秋也不会腐烂，等上冻了摘下来，是天然造就的水果冰棍，酸酸甜甜。如果说生活中有些不能拿钱来比拟的价值，那这海棠果则是当下无法购买的水果，只能存活在记忆中。这也是建筑承载的内容，是无法衡量的心中宝贝。

　　槛墙和槛窗与前文的内蒙古建筑并无太多不同。要说变化，则是檐椽和飞椽要正规了许多，多是两重皆设置，飞椽有方椽也有圆椽，并无特别的说法。槛墙上为槛窗，多分为三部分，最下为"死扇窗户"，也就是前文的固定窗。风槛部分，中间部分的支撑窗已无法看到，现在多见平开窗，这也是我为何在前文就进行了叙述的主因，只能把一个建筑拼凑起来恢复原形。横陂部分更多一些特点，让人模糊地觉出了格栅窗曾经的荣耀。窗户（图7-20）让我觉得自己老眼昏花，还是时光模糊了，一边是现在，一边是未来，而过去似乎并没有发生过什么，或站在这里都是一种荣耀。随我目光，可深深感到尘土不再飞扬。

第十一节　这才是烟囱的配置

　　前文已经介绍过儿时敲打烟囱的故事，这里则是一种不可多得的证明。当然儿时我家的烟囱没有这么讲究，只是玻璃上开圆洞直接出去，并没有设防护，当然那也是一种技巧。如这样，烟囱伸出，还有侧翼护板的情况（图7-21）其实我也是第一次见到，当下四合院中尚存的同样

图7-20 窗外

极少，可看得出讲究。

　　"讲究"是北京四合院与其他民居最不同的地方，或是皇家之地的原因，或是政治中心的肃重，即便是民房亦可以透露出规整，也是别处不能比拟的。粗大的梁柱、整齐的椽檩，是有着适合于当时的建筑规范

图7-21 烟囱侧翼护板

和体系，技艺的传承在这里要正规得多，同为大都市的上海，有着商贾的别墅，但却在成体系民居的对比中，明显差了北京许多年代。

侧翼板与窗户的玻璃扇匹配，其存在主要是用于烟囱固定，从上方凸出的钩头端可预料，或也是为了遮风之用，防止回风，再或是二者皆有。从造型上看该为一种定型的产品，木质外框嵌入窗户抱框之内，中间设有似白纸的预留孔洞，很圆，可能是配套而来，也可能是主人自己更换的铁片类，前者的可能性更大。

随着煤改气的大力推广，烟囱彻底消失于平房之中。在很偏远的农村或许还有，京城则再也不见。这段历史其实很长，但消失得却很彻底，并不会重现。记录这个片段的同时也是为了致敬今天。

烟囱代表着温暖，也代表着艰辛。我仍能清楚记得每个冬天的早上，父母起得很早，要生火，我们这些孩子们则只能龟缩于被窝中。即便如此，塞北的冬天极寒，我仍会冻得头皮生疼。望着玻璃上的窗花，那是一种只属于极寒的美丽，当下人不会理解那种美丽所富含的残酷。

父母渐渐老去，他们的一生，如同这民居，经历了太多的变化，也足够起伏跌宕，渐渐归于沉淀后的平静。每当我致敬老房子时，其实更多想到的是关于童年，关于陪伴，关于那些再也回不来、但又只属于我们每个人的珍贵故事。

第十二节　曾经温婉

还是残骸，甚至也还留有烟囱的痕迹，只要足够仔细总能找到线索。如这两张图中，抱框上都有的梅花垫片，一组已仅存垫片存在，另外一组却完好保存着垫片及上的钩环，配以旁边已经锈蚀的支撑窗（图7-22），我想表达的其实已经一览无遗。

痕迹可以透露某种曾经支撑的节点，固定窗的窗间两个金属扣件佐证着这曾经是支撑推杆的支点。这是细节也是残骸，确实比较隐蔽，但却是四合院曾经以支撑窗为主的重要佐证，沿着这个线索，支撑窗也就进入了视野。

如果不是这两个铁件的存在，我是不能看出来这是支撑窗的，毕竟已经锈蚀。风槛和支撑窗居然已经成为一个整体，细看那略微凸出的边缘才能区分上下两部分，确实看得出许久没有人再打开。残存的糊纸，居然让人有些错觉，甚是穿越，怎么可能留存于当下的北京，可想如不是火灾，或也早被人修葺；或也是因为火灾，才能保持了整体的形象，断代着四合院的窗棂部分，灰白，但却是极为真实。

窗棂之间，风槛和支撑窗样式似乎也存设计理念，曾几何时的支撑窗突然有种顿悟，在民间可能多是井字内框，或是向外支撑时候的多种

图7-22　锈蚀的支撑窗

档位选择，或是如此的设计才相对牢固。对比着来看风槛，则是回字形态，内部设有了大块的空白，或是后来的玻璃，或是之前的麻纸，在不开启的状态下都相对易于保护，均为合理思路。当然能想到的未必真实，但是能够想到的前人必然也已经想到。所以每个建筑细节并不是一代人总结出来，一代代人的发展却渐渐忘却了曾经的想法，便想不起了那些初衷。故有些遗漏看似无奇，但总有原因，如考古般都可在历史的尘埃中推演拼凑。

第十三节　灰白窗棂

与上图衔接（图7-23），都是窗棂，也同时落尘，如同截选的世界

图7-23　落尘的窗棂

平面，四面都在延伸，又在眼前留下了这部分截图。游走的祥云又被固定在框架之内，如把吉祥如意固定，既是一种装饰，也是一种功能构件。

中式文化总是要把美好的愿望嵌套在建筑之内。走得久了，看得多了，你会发现格栅、窗棂、屏风、落罩等，能够见到的都是木质花纹，那种柔美与中国的旗袍意味相同，恰恰是中国建筑文化中阴柔的一面，与建筑本身的框架粗犷力量感正好对应。这一点上相互映衬，才让中式建筑文化变得更为细腻。

四合院现存的原始窗棂已经不多见，即便看到也落灰太多，并不起眼。窗棂条的制作工艺倒是看得明显，因为有了断开之处，展现了交界面的形态，木条规整但细小。垂直方向的木条，用锯割出凸出的榫头，再凿出凹进的卯，也叫榫槽。当为斜方向的支棍时，也是同理，棂木条上划出45°的榫槽线，锯及凿后，榫槽最宽处与窗棂木条的宽度一致，以保证成形窗棂的平整，都是45°的阴阳角的对接，不管多细均由榫卯完成。断开的几处，则可以清晰看到45°仰角的平面，当完成叉腰的动作时，则是有两端的尖角深入立杆，立杆剔凿后，仍保留中心躯干，并不破坏结构，外观则如一体，圆润不存刺角。传统建筑的每一个细节都可单独玩味，只要你足够有心。

常规的损坏也是由节点展开，因为风吹日晒导致木料变形，节点处受合力，却因为榫卯的存在，形成挤压的效果，会由节点处一点点外瓢出来，变形逐步加大，直至损毁。又因为榫卯的存在，所以格栅窗的破坏往往是局部的，而非整体的一次性损毁，且当变形的压力释放之后，其余的构件如图一样反倒形成了新的平衡。

第十四节　缤纷的檐部节点

各式的檐部椽条，斜阳夕照下搭配秋意，既是一种情调，也格外庄重和宁静。有的是方椽，也有的是圆椽；有单层单椽的檐口，也有飞椽与檐椽兼设的情况，种类这里更丰富，主要根据正房还是偏房、富裕还是贫穷来定。

最简单的形式是圆椽上方的檐板上直接加毡（图7-24），再上搭北方长方形灰瓦，这显然是后更换的，因为工艺有些粗糙，百年前再不济也是瓦当封口。稍微复杂一点的则是单层椽条（图7-25），为方椽，同样上方有毡皮层，不同之处是有了檐板封口处理。檐板之上的则是重点，檐板本身是一长条木料，其上又设有"瓦口板"则是第一次见到。

其宽度与檐板一致，长度亦同，为成品，上方挖出一排圆凹形，似成一条大型的"笔架"，而那些仰瓦则正好入位完成封口，其主要作用是用来固定檐部仰瓦，同时也可控制檐口处的整齐度。

高粱皮毡应该是北京四合院中的一道别样的特色，这在南方民居中是看不到的，也是农作物的地域特征所致，无论何种檐口，檐板下多有毡层，这在内蒙古民居中也曾遇到，加之火炕上的毡层记述，可想到这种材料一度使用地域范围极大，功能丰富，且有韧性和一定的耐火性，也有一定尘土的阻隔性，当然最重要的还是价格低廉，其实之前我并不曾想它会是一种主要的建筑材料。很多东西，当时极为普遍，普遍到人们都懒得记录，但突然有一天它彻底被淘汰了，你再去看，去回想，才发现因为它的普通而导致了无人记录，也因为消失之彻底，后人甚至不知它的存在。不光是毡皮，加速的时光让我们来不及记录普通，呼机、MSN、弹珠等不着边际的东西，突然间就成了断代。之前没有，现在也没有，失去的记录，加之失去的记忆，则可能永远没有了这个物种，再捡起来变成了一种不可能。

图7-26展示了"廊桁"。遮挡于走廊上方的桁架就是廊桁，多见于宫殿庙宇，民居中则是高等级时才可见。这却延展出更加复杂的檐口，是飞椽和檐椽均有设置的高规格。"封檐板"顶在檐口最外侧，容易辨认，而飞椽侧还设有"里口木"，图中有缝隙的木条为小连檐，其上为"里口木"，从下向上并看不到，其用于挑出飞椽的出檐椽头，既是连檐一部分，也有闸挡板的功能，故也被称为"闸挡板"。其高为连檐与飞椽高之和，洞口尺寸与"瓦口板"如出一辙。卡入飞椽，同样控制伸出量，不同之处是站在檐下你并不得而知。分隔的两种椽条，其长度多按2∶1来设计，应该有些说法，似满足基本的杠杆原理。楼堂馆所会多见，即檐口处更多情况不再是毡层，变为了平铺的细小木条。这些碎小木条同样被称为"鳌壳板"，之为边角料即可，却使封口变得严谨规整许多，也许其身份可以相互对应。

图7-24　檐部节点一

图7-25　檐部节点二

图7-26　檐部节点三

第十五节　解开谜底：灰塑勾头

让我猜测了很久的瓦当做法，到这里终该揭开谜底。这种之前介绍为文元宝形或是棺头的瓦当造型，困扰我很久，其学名是灰塑勾头（图7-27）。这是个断代的好物件，因为其使用地域十分宽广，具有相当的普遍性，其断代的结果也就有了全局性。

西至重庆四川，南至江浙上海，北至北京，这些地区我都亲眼所见灰塑勾头的存在，不能看到的区域我想只会更广，所以这种节点在书中出现多次并不奇怪，是真正的关键节点。而恰恰介绍其内容的书籍却不多，所以对于寻觅它的起源就变得相对困难，当然最后还是被我觅到了答案，也算对得起我失眠的那些夜晚。

瓦当作为传统檐口部节点分为滴水和勾头两部分，结合组成，作用是排水和防护，最早出现于秦汉。瓦当的形状最初是圆筒形，慢慢就开始了演绎，明代之后圆筒形部分变为了扇形，上大下小，与当时的审美观一致。这个时期南方园林亦步入巅峰，在园林中的扇形构件也变得常见。这时的瓦当与仰瓦之间开始有了一定高度，但并不凸出，内部以泥灰固定；滴水的变化不大，仍然与之前的传统形态接近；檐部一眼看到的还是成一排的滴水和瓦当。但进入清朝之后，扇形的瓦当继续抬高，下面堆土出了一个与扇形对应扇形圆台。这时代的圆台已经有了足够的高度，瓦当不再明显，只是微微下弯，其端口处白灰抹平，高平白，变得更加显眼，这也就是为什么会觉不出瓦当的原因。如此就形成了灰塑勾头，如其名字：白灰塑造的勾头。

但需要注意一个细节，山墙戗角仍掠见一处筒瓦，很是特别（图7-28）。歇山屋面多为水戗，水戗的特点就是檐口处比较平直，屋角基本不起翘（《消失的民居记忆》中岭南建筑中的翘角，有老戗及其根部再起的嫩戗）。其戗根与歇山的"竖带"相通，"竖带"为正脊的端头，图中戗角与之垂直形成第一楞瓦，因为平直所以保留了收口的标

图7-27 灰塑勾头的第三次出场

图7-28　瓦当多设于屋角

准做法，即戗角部位的第一楞瓦仍是筒瓦。多数的四合院山墙侧皆如此，也就是说筒瓦依然存在，并未消失，只是适用场所很少，仅设于屋角两侧，该还是利用其防护严密的优势，同时也是一种标准做法的延续，这一点是四合院容易被人遗漏之处。

第十六节　不完整的完整格栅门

不完整是指只剩了半扇（图7-29），完整则是指保存如此完好的格栅门并不多见，旅游景区中古建的格栅门并不罕见，但出在寻常百姓家且还在使用的则是极少。没有修饰但保存完好的格栅门看着就是一种震撼。格栅门又称格扇门、格子门，厅堂、临街店铺用得最多，大庙、宫殿等最为常见，如果出现在民居中则等级定不一般。

因其门很高，有了高度后为了增加门的强度，则每一扇面中都会设

图7-29　格栅门绦板

有多根横向固定的支撑木条，被称为"抹"。唐宋时候门"抹"要偏少，多为三到四根，而到了明清则"抹"的数量会多至五到六根，所以从图中就可以看出，这是明清建筑。

　　这个六抹的格栅门相当典型，"抹"的中间相对高的部分被称为"隔心"及"裙板"，相对矮的部分则被称为"绦板"。图7-30可见"绦板"有三处，中间腰部也有人称为"腰环板"，古人浪漫，很是形象；而在上下两端的"绦板"则被称为"上夹堂板"和"下夹堂板"。"隔心"是指上方的大面积格栅部分，图中分为两块，一块是木隔断窗棂，其下则是大块的透光镂空，但因不设抹条而仍为一个部分。"裙板"则为下部的阳刻木板，是图中相当精彩的部分，因为这是浮雕刻痕而不是贴片，雕刻的东西无谓乎好坏都凝聚了制作者的辛劳，那是一刀一刀剔凿出来的作品，用心用力，多可以经风雨。因为整体故也不见脱

消失的民居记忆Ⅱ

落，对比成形的镂空格栅或是白板，木质浮雕也更加少见，实在珍贵。

"隔心"及"裙板"都会做抽屉芯，凭缝榫插入边框内，按从上到下的顺序进行安装。所以我见过的损坏格栅多是被人抽了半截，变形后尤其费力，没有耐心的人多会扔在了一边，放弃拆解。但从侧面却证明了榫卯这种工艺的特别之处，整体性好。

图7-31则展示了格栅门的转轴痕迹，后文记述的院门同理，不再另行描述。当下已然看不到另外的一扇，但孔洞仍明显，两侧均设，显然是厚实门轴做转动之用，为平开门。转轴是一根钉附在格栅或槛窗边梃上的木轴，转轴上端插入门上方的"连楹"，即上方可见的单个圆洞的横梁，外围方洞为门框转动预留的空间，属于上槛部分，门轴下端插入下方门的单楹（木）或海

图7-30　完整格栅门

图7-31 连楹

窝（石）内，后文还会有述。图中右侧闪现出来的两个并排圆洞，则让我有顿觉一种屏风扇面打开之意味，可以猜想这该是四扇两折的格栅门洞。相对于两个门边，中间折合门扇的转轴显然吃力较小，所以圆洞相对也小，磨损亦不大，完全可以想象。

第十七节　不一样的冬天，不一样的外墙

　　这是老北京四合院才有的檐墙（图7-32），虽我的家乡也是37厘米厚墙，但不同点是：上方多不会存在檐椽或是飞椽挑出的情况，毕竟朴素，而四合院建筑还是相当讲究的。当后檐椽、飞檐向外挑出时，檐口处的檐檩、封板、檐枋也就被展示了出来。而这时，檐墙和屋面檐口之间也就是变为了两个部分，下方是砖砌结构，上方则是木质结构。两者材料上并无直接关联，所以交接的部分处理起来就比较尴尬，这也就是我为什么一眼就觉出不妥。又因北方的冬天寒冷异常，我深深理解这种墙厚的缘由，故外墙多为37厘米或是更厚。图中的外墙不可猜测，但显然已很臃肿，又由于檐墙只能砌筑檐枋的下皮，为了收口，檐部勒紧了腰带，所以檐墙的墙头可以做成馒头、僧帽等慢坡形式。

图7-32 四合院的檐墙

　　拍摄点为北墙，即后檐墙，北方西北风侵扰，这墙则是防冻的重点，所以窗户定也是双层。即便如此，对比墙体，窗户看起来依然薄弱，整体观感并不协调，但为了内侧墙体的平直，想必窗与内墙是齐平的，故只能牺牲外墙的美观来实现，反倒造就了这仅属于四合院的一种墙体形式。

　　下方的图7-33则是截取特写，介绍墙体的砌筑材料。因为有了风化，墙砖被时光狠狠摩擦，剩下部分经过时光风霜的冲刷，圆润到残酷，所以墙砖的材料是可以判断的，那就是灰分较多，这并非只是泥土烧制，也有白灰的成分，只是不含砂子而已。而砌筑的胶粘剂则采用了白灰。说过众多白灰的优点，其实还有一点，就是永不变色。这一点十分难得，也让所有残破看不出苍老，永远都干净如故。白灰本身的抗腐蚀能力要强于灰砖，这里演绎得十分准确，所以灰砖被风蚀后，留下

图7-33　四合院的墙体细节

的印记居然是白灰的外框，这是一种自然阳刻，透露着建筑材料传神的倔强。

第十八节　不一样的高度，不一样的视角

　　杂居人员太多，四合院落里破坏得很是严重，与里弄的鸽子窝不同，这里则是私搭乱建。各式的瓦楞板，把本来存在的院落生生变为了小走道。本来胡同是外面的道路，为老北京城的特色，现在连院内也成了胡同，所以几进几出已经变成了前排后排。

　　穿行在密密麻麻的迷宫之中，真没想到的是北京居然也有二层的四合院（图7-34），在皇家都少见多层建筑物的情况下，民间中居然有，让我惊讶不已。我并没有爬上去，仅在楼下面进行了拍照。是因为刚准

备上楼，侧房搭建的小屋就出来一位妇女，她瘦削、尖小、发白的脸庞，全然看不出是外地来京务工的人员。有些穿越，更像是老北京，甚至是一个宫女，说话中都警惕里渗透着不屑，我问她："这么宏伟的宅院，以前是谁的居所啊？"她的回答却充满了谨慎，很紧张地说："主人还住着呢！"再问就是："不知道、不知道！"不再透露给我一点内容。有一点我明白，楼上应该就是主人，这一点该是很难得，因百年中变迁巨大，很多民居的主人有了更替，经历太多，但从楼上吊着的鸟笼子，却可看出这是老北京人。

以前有一部形容老北京人的电影叫作《顽主》，现在知晓的人不多。其实关于北京的文化，与上海多有不同，几个词可以侧面说明："发小"，一起玩大的哥们姐妹；"胡同串子"，曾经奔跑在胡同中的妹子，证明着曾经胡同的样子；"你丫"，骂人中还透露着亲切；"局

图7-34 二层四合院

气"，北京人自带的那种豪气。虽然时间不能再支撑曾经的贵族生活，但那种贵族基因的传递，却一直到了今天，这或就是北京的文化。建筑中的鸟笼即可透露，总说公子哥玩世不恭才遛鸟，毕竟遛鸟与遛狗还是有着巨大的差别，遛狗多少有着相互共处，遛鸟中那则是一种残留的等级差别。与建筑搭配，表达得淋漓，所以我不敢去打扰。

这楼梯似曾相识（图7-35），大连、青岛、上海都有，样式也差别不大。罗马柱不在于粗细，却深深刻画着西方建筑文化的渗透，所以可

图7-35　二层四合院楼梯

以想象当年能够建造如此宏伟居所的人，该是有过留洋经历的商贾，又有中式文化的熏陶。里面的建筑构件前文都已有过介绍，无须再进行拆解，只需要静静欣赏她的美丽。

而我亦是如此，走到这里略有劳累。接近傍晚，夕阳西下的开始，光线变得很温暖，但十分明亮，色温安逸，打在红色有些泛白的墙上、檩上、瓦上，让我振奋，这是我认为的"真"宝。

那种荣耀似乎从没有发生过改变，外表也确实如此。直的屋脊，完整的檐口，挂落下的花牙子依旧动人，廊檐下堆满了杂物，多了生活的痕迹，却仍然迷人，不折损一点尊严。那种坚持才是一个老北京人的特质展示，这是对四合院最合理的认同。离开吧，消失的总是建筑，无一例外；不消失的却是建筑信仰，从过去走向未来，从未改变，只是换了装扮。

第十九节 北京的门

门墩之前已经有过了介绍，这里重点来说北京的门（图7-36），同样极具地域特色，在四合院中被称为门枕石，我个人觉得这个称呼更加合理。外形尺寸多不大，原因或是京城内的地皮值钱，或也要更加谨慎不张扬。图中几个大门结合起来，非常典型地展示了门枕石的作用，中间下沉的石槽即是"门槛槽"，即卡入门槛，门槛上才能固定门板门框，而那张门槛都不存的图片，留下的痕迹更是一种曾经存在的证明。

所以，其必须是一个两边高的石质造型，门外多更高，各类石墩那是气场威严的表达，门后面的部分石台则要低了许多，那是因为不能阻挡门扇打开到最大。上面会有一个石窝，也被称为"海窝"，为固定门轴所用，也是被称为"门枢"的部分，户枢不蠹即此。所以它内部的石窝用于插入门枢，比较圆润，方便转动，石头越磨损越光滑，把时间变

图7-36　门槛槽

为了天然润滑油。

　　当建筑的术语渐渐消失，当年被踩在脚下的门槛却成为了引用最广、含义最多的那个名字。当我们即便知道斗栱却不知其为何时，门槛却成为一种入门要求的代名称，成为入学、职业、职位、社交的步入标准，这也是其在建筑中作用的更充分表达，但比建筑中的作用表达显然更宽泛。未来很多人将不会知道门槛曾经的本意是什么，但会懂它是进入标准，也算是建筑名词的别样新生吧。

　　门的固定要把连楹钉在上槛上，门轴上端再装在连楹上，前文有述，连楹与上槛（中槛）通过门簪联结，这样就可以把大门固定完成，成为一个整体。

图7-37 宝瓶叶子

　　古建中有几种"叶"，本书没有看到，属于门四角的金属饰件，称为"面叶"；"用叶"则是用小泡头钉在门内部构件的边角处，有防止节点松散和装饰的双重功能，一内一外；而在大门上更多是"看叶"，为一种特定的"用叶"，多用在大门。因在北京民居中多为宝瓶形状，又被称为宝瓶叶子（图7-37）。

　　位置如图所示，在门扇的内下角处，作用为保护门板的铁皮偶也有用铜皮制成。也有如另外一张图中的，下方采用了横板加强，有箭头尾部式样，更典型见于城门（图7-38）。远看也像是铁皮，再细看这些泡钉其实都在木板上，算作一种加强，能留存到现在即是强度的佐证。

　　有种说法是单扇门的"看叶"有九层，共九九八十一个泡钉。我没

图7-38　面叶

有仔细数过，但感觉是差不多的，古人十分讲究吉利，已经替我数过，我不再重复，欣赏就够。

第二十节　余音袅袅

街门外面安装有铙钹形状的铜制饰件，是扣门用的响器，称为"门钹"，最为经典的则被称为"铺首"，有很强的装饰作用。大殿王府等处十分常见，一般为狮型兽面的"门钹"，显得威严肃重。我们说民居，这并不是重点，因为民居中"门钹"多为实用性质。

在双扇门中"门钹"装在中间，单扇门中则装设在右侧（图7-39），为叩门所用。虽然只是实用性质，从损坏的部分（图7-40）仍可以看得出做工的细节之美。边缘凌波微步，巧妙地将钉眼变成了镂空的图案，细致来自于细节。如果是"铺首"，则底板会被完全遮挡，即便不遮挡，"门钹"也经常会被人忽略，今天脱落外部的圆鼓后底板才显露出，形成对比，钉眼方才被人如此欣赏。

最常见的"门钹"呈六边形，直径15~20厘米，中部凸起。其实分为两部分组成，而图中恰恰给予了完好与损坏的分别展示。由圆鼓形的铜钹及六边形的铜片圆盘组成，在与门板固定的六个角有钉眼，可穿钉、也可穿销，与门板结合在一起。蝶形或纽带状的铁钎子贯门而出，又穿过了圆鼓，后边燕型尾翼，抚平后则将铁钎子严实固定于门内外，正面这如意带似环头，也为联结件，扣接着环状或柳叶片式的叩门铁件，即门环。

"咣咣咣"，显然，那声音只能停留在记忆中了，因门已经不存在门环，这种变化：从主人不再独自居住开始，从里面杂居着七十二家房客开始，从被人遗忘了开始，从不再夜间闭门开始。慢慢，这个物件开始生了锈；慢慢，这个物件变成了回忆；慢慢，这个物件落满了尘土。

图7-39 完整门钹

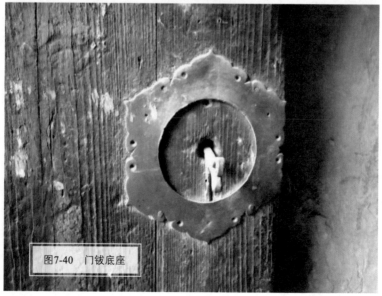

图7-40 门钹底座

叩门声终止，那是一种时代终止的痕迹，余音袅袅，却只能持续飘散。

第二十一节　似曾相识

挂檐板其实就是普通的实体护板，这里的则要特殊一些，因为装饰性明显更强。这在清代又被称为"滴珠板"，确实是中国的一种古建技法，但这图片却是总能够让我想起贝加尔湖畔的民居外挂板，似曾相识，感觉如出一辙，加之之前上海民居中也有类似的技法，更是让人迷离于起源。因其主要出现于清代，而清代是中国与沙俄纠葛深刻的年代，或是一种外来技法的引入，尤其十字的镂空图案更是让人浮想联翩；或也是我们的工艺对外传播，毕竟没有装饰的外挂板中国也很多，贝加尔湖侧又曾经是中国的北海，相同也不为怪，或也只是偶然相似，可以思考一下其中的关联性。

式样上，三地做法类似，其为檐口外沿的挂落板，由竖向木板拼接而成，应该是单个成品组成一排，其作用为保护檐口如檐板、斗栱之类的木构件，使之免遭雨水侵蚀。如图7-41可见，其厚度为封檐板厚度的三分之一到四分之一，也都是有固定模数。

滴珠板下端常做成如意头形状，如祥云饰样，两幅图中一副有（图7-41），另外一副则未见（图7-42），是平头，但均有镂空的十字图案，同样在上海民居中也有见过。对比后，可以判断多存在如意头与矩形两种样式，均为标准成品，只是一种更加复杂，当然各种文献中也有更加复杂的式样，但比较少见。

有如意头的形式，宽为板高一半左右，如意头长约为滴珠板整长的一半多一点，更像是一种"白银比例"的设置，也是一种美学致敬吧。普通矩形板式的，因为少了那一部分则确实要寒酸许多，好似如意头形式粗暴简单去除下部后的一种简略。所以可能过程差别只在工艺，结果

图7-41　挂檐板一

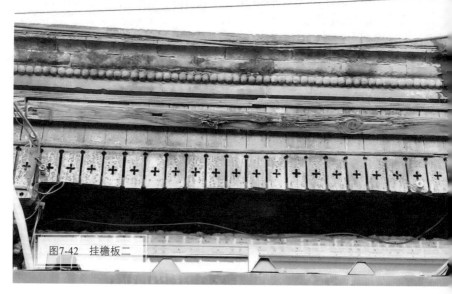

图7-42　挂檐板二

差别则只在价格。

图中的固定简单许多，直接外加细条垫板，上下各两条，上条固定于滴珠板侧，穿透并钉在檐檩之上；下条仅穿滴珠板，或只来固定这些滴珠板的稳定性和整体性。

需要注意一点的是，这种滴珠板我发现多在迎街处，并非北京一地，上海也是同样。或是一种偶然，或就是更多设置于商铺檐口，因为它的美观，或许本身就是一种招揽顾客的方式。

第二十二节　再见旧时光

前几天唱起了汪峰的《再见青春》，其作品中有很多老北京人的感受，很大的一部分是来自于对过去再见的意味，也是回忆过去，与我的文字其实是相同的感觉。

取了一个节点（图7-43），几个附件都恰到好处，尘土则如轻纱，看似轻薄，但却沉重到拿不起来。

自行车来来往往，如我之前的伙伴，陪伴再久也要说句再见。它的主人早已忘记了它的存在，但它却可以固执地保持沉默，定在这里，一直很久。

背后的柱则是梁枋结构、穿斗结构的共性所在，历史一路没有争出高低，却免不得一起消失在建筑视野中，所以可一同作为祭奠。

右侧门廊处的照壁平整如初，记录了生命中曾经的涂抹，或是海报，或是广告，或再以前是图画、壁画，都不得而知。总有人来打扮，又有人来刮掉，建筑也是一个任人打扮的孩子，于历史变迁中不停地改变。

只有那份与主人的深情从不变化。相对而言，我们则太过薄情，或也是我们生命太短，或是世界变化太快，也或是我们自己也在改变，主

图7-43　再见旧时光

动或是被动中遗弃着老房。

　　建筑之美，在于静止；建筑之美，在于将静止的生命赋予了灵性；建筑之美，在于灵性中有了你我的记忆；建筑之美，是我们每个人内心深处，脆弱灵魂依靠的桅杆。

　　我想，我的生命不可承受之重，因为这里面承载了太多来自建筑内涵的撞击。一代代人的记挂太沉重了，我又担心自己遗漏什么，所以耗尽力量，却不足以让我再前行一步。但对于建筑，对于民居，这种使命我不能必达，却也已经倾力。

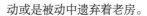

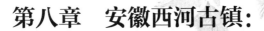

第八章　安徽西河古镇：

褪去的商业

卷首语：末了

　　与孩子、父母、爱人同行看民居，这是第一次。这些年一个人走遍的山山水水老婆总说为啥不带上孩子，我心里想，他就是他，他有他的世界，并非要一定与我趋同，所以我不想诱导。而父母呢，则因为《消失的民居记忆》一书，重新了解了他们的儿子，也接纳了我那些年不被肯定的努力，至少不会再苦口婆心地劝我放下。

　　这次的行程本在交稿之后，却因为是夜无眠，突然觉得本书还差一章。对于一个强迫症来说，这种激动会让我睡不着，能够指引我的总是深夜中的那些灵魂，来自老房子。好像如果有所欠缺，就会失望于那些离散的灵魂。

　　所以还是动笔了，位置安徽芜湖西河古镇，正是桂花香最浓的时节，记述这不简单的老房子。

第一节 徽派建筑的墙体之谜

　　十年前在湖南的徽派建筑中猜想了墙体中空的构造，在第一章又表达了自我怀疑，其实还是缺少案例佐证，但这里却不用再猜想，有了明确的答案。

　　首先展示的是整体的外观构造，如图8-1所示，这是非端头侧的标准砌法，一侧一丁循环排布，隔层一顺排砖，相互叠压，受力与美观，各自完成。也有一侧一丁循环的，不设隔层的一顺排砖，如图8-2所示；也有设于墙体的端头侧，着力加强强度，为了固定门框，则如图8-3所示，

图8-1　徽派建筑的墙体细节

顺丁交错。砌法多样，这里仅展示此一种，其实很多，内部必然是实心质，为了可以承重。

　　而其余大部墙体确实是中空构造，丁头朝外的这一点不能证明墙体的厚度，而是深入约3/4之处，前后交错对称，用最简洁的材料支撑起上方、下方的顺向砖排，而1/4的剩余量则正好倚住了面砖的厚度，相互拉结、支撑成为整体，是一种受力美学。面砖的后面则显露了孔洞，所以有了图8-4中打破的背后，看得出是空气层，我曾以为这是为保温而设置，算是猜对了一半。随着人生阅历的增长，后来确实发现这或许只是节约的原因，南方的阴冷与这中空的墙体关联比较牵强，显然是我这个北方人想得太多。

　　当然问题总是存在的，那就是如图8-4中的黑色烟熏如何出现的呢？这不是考古，我没法鉴定，知道有火墙供暖的方式，却并不敢确认。这

图8-2　徽派建筑的墙体损毁外部

图8-3　徽派建筑的墙角注解

图8-4　徽派建筑的墙体损毁内部

中空的部分是否也兼作为烟道，如果是，则太难。我所知道的火墙见于西柏坡，那厚度有一米之多，内部的空气巷道皆宽，而这里的墙体厚度最多也只有400毫米左右，应该难以成形，容易堵塞。但这烟熏色显露出了神秘的面容，值得我去标记以待再觅答案了。

第二节　毛玻璃

前文介绍过挂瓦砖，似乎更加规整，距离并没多远的安徽民居则简单直接，也更为普遍，如图8-5至图8-6所示，椽条之上即为瓦片，椽条的间距合理，正好兜住下凹的瓦底肚，掉不下来，显得可爱却又严谨。

图8-5　屋顶仰视细节

图8-6　屋顶俯视细节

而换个角度从图8-7来看，上方的漏洞处显示了盖瓦的那部分，仰瓦与俯瓦相互叠加后形成屋面，显然这是没有秸秆覆盖的屋面，简单得有点不可思议。

　　陶瓦的搭接与后来引进的方形青瓦其实是不同的。青瓦会有一个相互嵌入的边缘，叠加扣锁，而筒瓦在南方则是一层层全靠密布，铺满后，数量足够填充所有的缝隙，不会遗漏空间于外。

　　特别要说的一点是之前并没有介绍过的毛玻璃瓦，图8-7中透光部分即是，图8-8也是。这种瓦片的出现，时间应该并不长，毛玻璃能进入民间使用，应该也就是100年左右。从我行走的这些区域来看，只有商业氛围极强的区域才能见到，更多的时候则是自然采光的天井，或就是黑屋子，再或就是老虎窗，所以拍过很多透过漆黑来看光线的照片，这里则多了一层温暖。

图8-7　毛玻璃瓦

图8-8　碎窗棂

　　所以无论今天看着多么污浊，曾经这也该是奢侈品，作为中式居住建筑的屋面采光材料，在没有西式威卢克斯天窗的时代，这种工艺值得称赞。缺点当然也是存在的，确实不好清洗，时间久了多是斑驳的痕迹，采光效果会大打折扣，但最多也就是昏暗，我想这就足够了。

　　光线总能够给人温暖，并不在于是多还是少。这也如同老屋在人一生中的作用，看似我们离开后，可有可无，但内心又十分在意。蕴含的过往生活其实都已烙印于心里，所以每每面对斑驳之后突然间的感受，以及真要消失时的内心颤动，才发现那沉淀的并非灰尘，而是回忆，是过去的自己。

第三节　碎窗棂

毛玻璃已经介绍过，配以碎窗棂则更显韵味。这种在中国十分常见的窗棂式样叫作冰裂纹，展示破冰而出的初春状态。但对我而言，又感觉不大一样。在所有的中式窗棂中只有这一款是不规则的图案，而绝大多数窗棂都是讲究对称美的，这与中式文化有很大的关联，传统而稳重。

所以本书展示的窗棂多为圆润温婉的类型，但我恰恰更喜欢这种碎玻璃的形态，这或与我个人的性格有关，多少有点桀骜不驯。这名字是我起的，因为这样更有冲击感，有了些许活力，更是渴望突破的意味。如果说那时代的稳重潮流更甚，这种风格则显示的是跨时代的美，打乱平静后，格栅却依然有内在的联络及关系，没有突破，也未变得不可收拾，每一处结尾与窗框消融都让人思考，留下的是思绪蔓延。

这种美，显示于简单之中，是中式窗棂中的破冰之作，时代不会欺人，对于她的认可，总会在今生今世中被人体会。

第四节　徽派的基因

这是一条老街，与南京之行其实相仿，同样为邻水商业，所以介绍的内容不会太多。但这里又确实有不同之处，除了砖体在这里完全有了答案，其实天井的变化作为徽派建筑的核心节点，这里则展示了关键脉络，联结起了客家、江浙、上海等民居。这里的残存，其实是徽派建筑发展中的一个罕见标本，证明了上述南方民居中内在的基因关联。

图8-9与图8-10均展示了西河古镇的天井，与粤北民居中的天井很相似，均存在院落中。可见粤北乃至再往南的客家文化由此而来。但也有不同之处，这里的天井实在太小了，更像是天窗。

图8-9 再见天井

图8-10 天井牛腿

这又让我想起湖南安化的徽派民居，天井坐落在入厅处，二层四周有围廊。这里也有，但又有不同，徽派民居围廊的四周是房间，这里的四周多是一个空荡的开敞阁楼，仅是楼梯扶手围挡用以界分，没有雕栏，都为木制实板拼接；下方的水池缩小了尺寸，变得不再明显，功能性减弱。

再次让我想起了上海的老房子，那些看似海外舶来的建筑思路，不也有天井存在嘛，而且也是实心围栏板，也是开敞阁楼，但整体观感却差很多，像是国内与国外的差别一样，似乎是中西方文化碰撞后的产物。

说了这么多，看到这里，这才是南派民居发展中的一个关键节点，之后有的演绎了海派，有的演绎了粤派，更有改良了徽派的建筑思路，但天井的核心却没有一点变化。

这也是为什么我一定要介绍本章内容的主因，整个南方系民居的思路，都是在天井的文化中修修改改，因地制宜，思路却没有发生太大变化。南方聚财、聚水、聚人气的设计理念，时至今日，或还坚守于南方人的性格之中，然后漂洋过海，然后慢慢迁移，然后到了今天，在一个点，突然全部被打通，寻至了脉络。

第五节　南派建筑的牛腿

牛腿柱中伸出的一段短木来支撑屋顶出檐部分，在图8-11中是斜撑重檐之用，相当简明。图8-9、图8-10中则是支撑天井周围的护板坡顶斜檩。牛腿在北京民居中有过介绍，在南方的牛腿构件相对要细小得多，多只是由一根单一的木材构成，不仅显得单薄，而且可以供装饰的地方也不多。斜撑与柱子之间形成三角形，支撑受力，撑起上方的檐板或是顶板，本身而言是比较单调的，于是南方的工匠多将这三角形雕刻成镂

图8-11　侧墙牛腿

空浪花状，形成装饰的构件，也与当地多河多水的文化一一对应，将柱、支、撑三部完美地结合成一个整体，这个整体就被称之为牛腿。

天井的内部构件同样精致，只是如今可以辨识其中故事的人显然已经不多。这些家训、家规，雕画出道德的准绳，时过境迁，我只能觉出它是一种装饰，但作为坚守，我依然崇敬于每一处示意，这属于古人的修养表达。

下方的扇面或许更能让人注意，中国有羽扇间的灰飞烟灭，也有羽扇后的眉目传情，更也有羽扇中文字情怀。这里有的故事当下似乎还有存留，会被人见识为优雅。

越行走，答案其实还越来越多，也可能正是因为这天井太小才用得上这上撑的牛腿，也许又是因为多雨的气候让这里的屋檐多了婉约味道。多出这么一截为的是下雨时路人可以游走廊下，不用在尴尬中落荒而逃。

来的时候天空真的很美，也很蓝，我驻足欣赏许久，这井底的天空虽然局促（图8-12），却也简单了许多，不用纷杂的选择，也不用茫然得不知所踪，给你的恰恰刚刚好。这种感觉是不是就是传说中的安全感，或也是我们常说的知足感呢？

图8-12　外面的世界

图8-13 木雕

第六节 木雕

如果不是因为在这里看到，我无法想到民居中也会有很精致的木雕纹落（图8-13）。这是已成为废墟下的身影，裸露的横梁，是商铺门档间的栏板，阴刻和阳刻在一块板中跃入又跃出，出神般地生出枝丫，一根蔓藤慢慢生长，出了枝叶，就这样横过门梁。

如那荒漠古堡中曾经的生命，戛然而止之时还在生长，然后停顿、失色，渐渐变成了灰色，然后转为了黑色，容颜卡顿于此，生命的节奏就此停歇，但灵魂的脉动却变得愈加清晰和深刻，如有了生命般。当我路过，瞬间把我擒住，而这美丽魂魄，仿佛从纸面中跃然而出。

第七节 徽派建筑的肢解

有墀头的侧脸，不仅在徽派建筑中有，北方民居更多，而徽派的更高耸一点，因为有了马头墙的缘故。但是其余建筑中，南方也好，北方也好，如中国人的容颜中那不够高耸的鼻梁，但又确实收敛低调，淳朴务实。

所以徽派建筑到底是抬梁式还是穿斗式呢？当然有定论，留下的框架主干中，三架梁和五架梁那么清晰，毫无疑问是抬梁式。只是这里的结构：密集的内部柱网，全部的木质栏板，穿插交错，穿斗式建筑的疑问也会一闪而过。在我眼中，南北方的区别已经模糊，真正的融入或早就在建筑的残垣断壁中就已奔涌而出。

如图8-14所示，也就不难理解为什么牛腿和墀头会分别出现，而又如此贴临。因为它们各管一摊，一边是砖墙，一边是梁柱，如此分明，并未相互融合成为一体。在蔚县的建筑中，砌体结构在内，梁柱在外，

图8-14 徽派建筑的肢解

而在徽派建筑中则恰恰相反，砖墙在外梁柱在内，也就更多证明了墙外铁件存在的意义。通过墙体锁定梁柱，这种连接有些尴尬牵强，但在砖砌结构发达的徽派民居中却又合情合理。

整体结构看起来总像是北方的砖砌体系怀抱了一位南方的木质女子，知道了他们为什么会在一起，也就知道了徽派建筑在南北建筑联络中的过渡作用。

第八节　依稀尚存的曾经

路过一栋尚有人居住的老屋前，我突然有了走进去的冲动，不是因为别的，就是因为图8-15中的瓶瓶罐罐。这是一条商业街，到处的黑色墨迹显露着曾经的店名，很多酱店，或曾经是这里的特色。

而这家现在显然已不再是店面，进去之后仅有一位老人，对于我的贸然闯入丝毫不觉惊奇，甚至表现出了极大的热情。他知道我的好奇点：这么的杂乱，怎么生活，当然这是人家自己的私事，等我老了，一个人可能更难照顾好自己的生活，不能用现在的年龄去看待。

老人首先说：这就是垃圾堆了，懒得收拾。其实我看到的并非垃圾，而是一个保存极为完好的店铺状态，虽然商品已经荡然无存，但是摆放的货架十分完好，瓶瓶罐罐，分层迎街，验证着这里确实曾制酱业发达。

老人念念叨叨，似很久没有人与他对话。也是理解，孩子们都已进城工作，一个人的生活外表坚强，内心却很脆弱，偶尔有个过客，话痨也属于正常。他和我说起几天前也有一群南京的建筑系学生光顾，也拍了很多照片。我虽然想插话，竟然插不上，只能随处走走，才发现这沿河民居的特殊之处，背面朝河，正面临街，建于河堤之上，正门外面的街道就是河堤，堆得高高。所以这看似两层的房子其实是三层。朝河的一面有一副楼梯向下通往，穿行于后，老人找不到我了，我看到的是滩涂，也理解了商业行为与建筑哲学的完美贴合——供货于河上，卖货于街上。居者该是两种心态，回到后屋看着滚滚江水，该是须发飘然，淡定吟诗；回到前屋，则是商贾涌动，尔虞我诈，别样人生。

当然这只是我所想，真实是洪水越来越大，堤坝的道路垫得越来越高（图8-16），很多门都变成了窗户。民居中的建筑哲学，又是一种生存的必须改造，但如果站在今天来思考，何不存温馨之处呢。老白似乎并未长大，总还有颗幼稚的顽童心，善意理解建筑。

图8-15　不曾改变的柜台

图8-16　被道路淹没的门

第九节　窗睑的睫毛

作为一个非古建专业的业余行者，不比专业建筑师，也远远不如那些摄影大家的见解，但还好我总可以从灵魂深处去感知，体会房屋带给我们的力量和故事。如这苔藓，长了一层又一层，消磨了一段又一段时光，却不能诉说出我内心的感伤。原来，不管房屋多老、多旧、多荒凉，它总是如此乐观地面对着世间的百态，露出顽童般的可爱，眨起长长的睫毛（图8-17）。

图8-17　窗睑

图8-18　后面

制酱馆的墙皮已经脱落许多，露出了"春"字（图8-18），而我带着儿子尝试将时光的最外层剥离下来，因为那已经脱落的部分后面总有文字，让我想去看看写的是什么，里面又有什么故事。危房的警示立在身边，我尝试了下，还是放弃了，再不慎，墙可能就坍塌。民居的保护同样也是如此，很多保护从开始就是一种破坏，无论它经历了什么，无论它现在的样子如何，也无论我们能做多少工作，其实能够静静地看着它，能够尊重它的存在，能够让我们内心有些许安慰，能够不枉曾经离开我们的初心，那就已足够了。

第九章　建筑碎杂的回忆

　　回看这些民居，从《消失的民居记忆》到本书，或许不会再有第三部。因为站在今天的角度，从十年前开始整理收集这些图片，到十年后这些老屋慢慢褪去了灵魂，变化的东西太多。即便有些老房子还在，但是显然已不再可能有下一代人居住。原因很多，社会与发展都造成这个结果，而没有了灵魂的房屋，也不能再算作活着的历史。

　　也许没有了也许，其实就根本没有也许，我用这些碎杂的片段来结束此书，与书籍中的内容无关，可看作是花絮，更不算浩大。但对于一个人的十年来说，这些轨迹值得回忆和串成脉络。

第一节　建筑信仰

十年前的朝圣之路，见证了信仰于人生中的重要性。从那时候开始相信信仰绝非只存在于宗教，那些建筑大师完成和未完成的路却是建筑信仰，是一批批人延续下去前赴后继的结果。而我居然有幸成为其一，自己给自己的任务以及其中的挣扎很多，当然雀跃更多，但求这本书的痕迹可描述出一代代建筑师灵魂的托付。

这建筑类型只说一点，那就是藏族建筑的小窗（图9-1）。与汉族建筑最不同之处在于窗边饰多为黑色或黄色。形状最为特别，为正梯形，寓意为牛角，即牦牛的角，与藏民生活一致，如图腾般给人带来吉祥；梯形的稳重则是性格展示，与其宗教信仰一致。窗多偏小、偏少，则是

图9-1　青海西宁的小窗

冬季气温偏低故而降低散热量的经验所得。

第二节　温暖

　　九年前的雪山脚下，纳西族人的民房（图9-2），性格暴烈的汉子是我所没有想到的，因为我出自内蒙古，总认为越往南的人越柔和。被绣

图9-2　云南楚雄民居

球砸中后却没有被留下做压寨老公，走婚的地区多让人心存杂念，只是这温暖的日光让人记忆深刻。那时乡谣歌手已经挺多，惬意中看看儿子胖乎乎地滚上爬下，如今一晃，也是瘦高的小伙子一个。时光带走了什么，又留下了什么，只有建筑能够见证。

纳西族民居中的这个场景印象颇深，也是因为有了充足的光线才照出这些方糖般土砖的可爱，想是一触即碎，其实十分结实，错觉只是因为砂含量有点多。罕见的全顺一层、全丁一层的砌筑方式则仅在这里见过。高墙上的木窗均是窄条，总使人想起山寨的围墙，或是为了防御，这点与北方、长三角地区都不大一样。我却单纯地感性看待，或许只是不需要那么多的阳光，因已经足够温暖。

第三节 老街

这是七年前的青州老街，这里即不是济南也不是青州的山区。这古代的商业街自成一体，印象深刻，门窗都是红色，是回民聚集的一条街道。我一个人走在这座小城、这条路上、这个下午，今天回味的感觉就是冷，那是深秋的味道，不能说荒凉，只能说大家习惯了安静。人们很早就打烊，日光其实还好。如今的它已变成一条现代商业街，拥有了热闹和嘈杂，已不是最初的米面粮油店，利润必定更高，但住户或已经远离，改成了商人，如同民居有了浓妆。

这个场景值得记录（图9-3），商业的门栅板不是南方的整面门插板，这种平开有合页的门栅板在北方盛行很久。分为两种，一种可以摘除，已经介绍过，一种为固定扇，是这里的示意。我儿时一直如此，在某一个时间节点突然这些门栅板就消失了。这或是从有了钢窗的那一天开始的，只是慢慢我会发现它并不好，摘不下来的钢窗既是火灾时的障碍，也让人有了种囚徒的感觉。

图9-3　山东青州老街

第四节　扬州比例

　　六年前的扬州老城（图9-4），光线把时间刻度的功能展现得淋漓尽致，告诉我南方的民居讲究，人是那么细致，连这走道都看着精致，悠长且安静。青砖的温度合适，丝毫不躁，绿色的苔藓配以光线，居然让苔藓有了光泽，本来不可共存的两端事物，这里居然也可以相安无事甚至相得益彰。适合于思考，却多不出一个凳子，我拍摄这照片的时候就在想：黄金比例好呢？还是白银比例好？当然这里显然都不是，这或就是扬州比例。

　　可能最佳的走道宽度就是两人可擦肩而过即可，不尴尬，不局促，

图9-4 扬州老城

这里让我感悟很深，即便后来的山西大院也没有如此深刻的体会。生意人终究是生意人，留条路给别人即可，但却是没有必要留得太宽。

第五节　父亲的籍贯

五年前系统走过的山西是父亲的籍贯，也是我根系最初骨子里的些许东西，说不清道不明，不过读者大约知道我想说什么。

这里拥有中国保存最为完整的民居，这种完整性放在世界也十分罕见，定与这里节俭善存的民风有些关联。只是我两本书都没有专门对山西民居进行介绍，也是自我奇怪，可能还是因商业气氛浓重了一点，所以宁愿展示类型接近的蔚县，毕竟那里的真实让我感动。

但确实有些东西这里才有真的经典，如这博风板，介绍了那么多民居中的博风板，都仅是相似。对于歇山顶的这种经典配置其实还是很多见，只是并非民居而已，因悬山顶梁都是伸出山墙外的，所以产生了博风板和悬鱼来完成构造封口，同时起遮挡防护之用（硬山顶侧墙则是贴墙山花，隆盛庄有过介绍），我则更多看重此处的庄重。这里的悬鱼十分经典，图9-5中有船锚下沉的构件，实为"鱼"之示意，但更复杂了一点，有了水平拉伸的支架，也有了水平架的装饰飞鸟，这是民居中无法模仿的端庄和极致。

第六节　砖斗栱

记不住年代的山西某地，斗栱并非民居的重点，而砖斗栱则更非斗栱的重点，多出现在当地民居中。用砖的斗栱形态来展现木质斗栱的恢宏，这种壮观很多时候会比木质更让人震撼。原因是砖的耐腐蚀性好，

图9-5　太原的船锚状悬鱼

整体效果可以留存很久，洗刷一次多一种厚重。

　　只是砖斗栱并非利用榫卯完成，如图9-6所示，这样复杂的砖拱并非普通青砖的砌筑可完成，无论是贴片安装还是特型砖体砌筑，已不重要，都可让人膜拜。倒三角的安装是一种力学难点，毕竟彼时并不存在水泥，现在水泥的出现，让受力变得轻松，加入玻璃丝的构件更是轻巧。所以当下能看到的类似水泥斗栱其实很多，但这久远的砖斗栱则是晋派建筑的巅峰之作，这正如同我们感叹徒手纤夫的艰辛，也惊讶金字塔如何建成的感慨一样。

图9-6　太原砖斗栱

第七节　碎杂中的珍宝

平遥的大院太多，被改造为商铺、宾馆的更多，显然这种精致我从来看不上，但我深知世人喜欢这种精美。老屋加以改造之后的样子其实更符合曾经的荣华，无论是挂落还是下方的花牙子（图9-7）都精美绝伦。烙铜的表皮，营造出的时代感是经历时光沧桑却永葆青春的感觉，远胜我的四合院，今天看到仍然为之眼前一亮。

但我是个另类，偏偏喜欢那些碎杂中的珍宝，屡屡与人解释，都被不理解。其实只有破损的，只有成为碎片的，其中才能透露出老屋与人的故事，而那种故事显然才是民居中真正的内涵。我无力改变别人的审美，只有把那感伤存于心中，等我老了，过来的路人问我讨口水时，也许聊天的内容，恰恰才是落泪的部分。

第八节　门槛

四年前出关，其实山海关的老房子并不多，关内的是商业街，关外的才是民居，需要走得比较远。实际上我无论走到哪里，民居之处都是人迹稀少，不清楚住户在哪里，是否在世，有的门户大开，有的则紧紧关闭（图9-8）。

这里的房子不知是不是海风吹袭，那是种说不清的漫天灰色，或是那年我焦虑初犯的感官错觉，哪哪都是如此，很是奇特。灰黑的镀层，门是黑的，地是灰的，如不是那金字，还以为进入黑白照片中。门槛的金色吸引着目光，显然是让我了解的重点，几年后我才仔细端详了它的样子，我很喜欢里面的"永远前进"几个字，写得娟秀又有力度。

图9-7　平遥的精致阁楼

图9-8　山海关外的门户

　　一直想要书写的门楣在这里寻到了最佳的案例。门楣与对联不同，这是直接刻于门上的文字，却因为风雨经年，所能够看到者极少，四合院中也只看到虚影。这虽不是百年前的作品，但也足够佐证，只要能深深铭刻某个时代烙印的文字，都是楣联在建筑中的体现。

第九节　民居的界限

也是四年以前了，这是湖南吊脚楼行程中停歇于长沙时的一瞥，春雨中总有些不同之处。这是个徽派建筑与吊脚楼建筑混杂的区域，所以出现一种纯木质的楼房，这并不奇怪，但是居然还有了遮掩，可想那些水泥涂层是后来的作品。脱落后，真相裸露，还是原来的样子好看。还有马头墙也被木条包裹，整个建筑都被缠绕一遍，而这木条也十分眼熟，这不就是上海里弄的地板材料吗？

墙体的破败才是重点，让木质的龙骨架斐然（图9-9），与上海弄堂

图9-9　湖南长沙的木质龙骨

如出一辙，里外两层木板成墙，中空隔声保温。三层的楼甚是壮观，谁借鉴了谁却说不清楚，民居何来的界限，很多时候分不清东西南北，这是行走终了的感叹。

第十节　知了

两年以前感觉就如昨天，我的步伐越来越慢，走不动了。走过十年，腿脚生锈还只是表象，内心的渐渐漠然才是根源。无须掩饰，所以也该停下歇歇，心毕竟是个容器，虽然我一直边走边放弃，但还剩下的内容还是无法再容纳。

人都会痴迷于一件事，然后才慢慢了解、熟悉、放下。内心的火焰终将熄灭，清空这一切也需要时间，生命显然不会再次给予机会，但我想并没有虚度这十年的光影，那些记忆不属于我，属于你们，某个节点会让你感动，会让你回忆，这就足矣。

图9-10让我懂了许多，这瓦和这竹怎么看都是一样的，只是一个被石化了，另外一个还在生长。那些生长的是我们的生命，永远不知疲倦，而那些石化的逝者成为瓦片，还是一节节，如同倒下的粗竹，并不变化，那是曾经的生命。我懂了，建筑的轮回和生命的轮回并无不同，成长就是一种石化的过程，最后我们都会结束生命，而灵魂也将留守于老屋里，看着后来的一代代子孙，护佑着他们，直到永远。

图9-10　重庆的瓦片与竹节